新质驱动·产教融合·中望高等职业教育技能进阶系列教材

三维造型设计项目式教程
（中望3D微课版）

梁美芹　秦　涵　主　编
孙　哲　张亚娟　赵正强　副主编
苏昌盛　刘　帅　参　编

电子工业出版社
Publishing House of Electronics Industry
北京·BEIJING

内 容 简 介

本书是一本详细介绍利用中望 3D 软件设计三维造型的项目式教程。全书共有 5 个项目，包括中望 3D 基础入门和草图绘制、实体造型与编辑、空间曲线与曲面造型、装配与动画、工程图与标注。

本书围绕三维造型设计相关知识点进行谋篇布局，内容通俗易懂。本书通过实例驱动知识讲解，操作步骤详细，旨在提高读者的动手能力，并使读者加深对知识点的理解。本书适合大中专院校师生、企业人员、政府工作人员、管理人员使用，也可作为三维造型设计爱好者的参考用书。

未经许可，不得以任何方式复制或抄袭本书之部分或全部内容。

版权所有，侵权必究。

图书在版编目（CIP）数据

三维造型设计项目式教程：中望 3D 微课版 / 梁美芹，
秦涵主编. -- 北京：电子工业出版社，2024. 6.
ISBN 978-7-121-48215-1

Ⅰ．TB472-39

中国国家版本馆 CIP 数据核字第 202476VA77 号

责任编辑：薛华强
印　　刷：三河市鑫金马印装有限公司
装　　订：三河市鑫金马印装有限公司
出版发行：电子工业出版社
　　　　　北京市海淀区万寿路 173 信箱　邮编：100036
开　　本：787×1092　1/16　印张：15.25　字数：429.4 千字
版　　次：2024 年 6 月第 1 版
印　　次：2024 年 6 月第 1 次印刷
定　　价：55.00 元

凡所购买电子工业出版社图书有缺损问题，请向购买书店调换。若书店售缺，请与本社发行部联系，联系及邮购电话：(010) 88254888，88258888。

质量投诉请发邮件至 zlts@phei.com.cn，盗版侵权举报请发邮件至 dbqq@phei.com.cn。

本书咨询联系方式：(010) 88254569，xuehq@phei.com.cn。

前言

党的二十大报告提出："实施科教兴国战略，强化现代化建设人才支撑。"党的二十大报告还提出："深化教育领域综合改革，加强教材建设和管理，完善学校管理和教育评价体系，健全学校家庭社会育人机制。"为了响应党中央的号召，我们在充分进行调研和论证的基础上，精心编写了这本《三维造型设计项目式教程（中望 3D 微课版）》教材。

中望 3D 因功能强大、易学易用和技术不断创新等特点，成为市场上领先的、主流的国产三维 CAD（计算机辅助设计）应用软件。中望 3D 的应用范围包括平面工程制图、三维造型、求逆运算、加工制造、工业标准交互传输、模拟加工过程、电缆布线和电子线路等领域。

本书以由浅入深、循序渐进的方式展开讲解，从基础的草图绘制到三维造型设计，以合理的结构和经典的范例对最基本和实用的功能都进行了详细介绍，具有极高的实用价值。通过对本书的学习，读者不仅可以掌握中望 3D 的基本知识和应用技巧，而且可以帮助自己树立具有创新性的三维造型设计理念。

一、本书特点

✓ **循序渐进，由浅入深**

本书首先介绍草图绘制和实体造型的相关知识，然后介绍曲面造型的相关知识，最后介绍装配和工程图的相关知识。

✓ **案例丰富，简单易懂**

本书从帮助用户快速掌握三维造型设计相关知识的角度出发，结合实际应用给出详尽的操作步骤与技巧提示，力求将最常见的方法与技巧全面细致地介绍给读者，便于读者掌握相关内容。

✓ **技能与素质教育紧密结合**

在讲解三维造型设计专业知识的同时，紧密结合素质教育主旋律，从专业知识角度触类旁通，引导读者提升相关素质。

二、本书内容

全书共有 5 个项目，包括中望 3D 基础入门和草图绘制、实体造型与编辑、空间曲线与曲面造型、装配与动画、工程图与标注。本书通过实例驱动知识讲解，操作步骤详细，旨在提高读者的动手能力，并使读者加深对知识点的理解。

说明：本书对部分三维造型示例图进行了尺寸标注，但由于是软件操作截图，图中均不带有尺寸的单位，特此说明。

说明：本书对部分三维造型示例图进行了坐标轴标注，但由于是软件操作截图，图中的坐标轴名称均使用正体字母，为保证图文一致性，正文中的坐标轴名称也使用正体字母，特此说明。

三、适用读者

本书图文并茂，实例生动，融入了编者的实际操作心得。本书既可作为大中专院校的专业课配套教材，也可作为三维造型设计爱好者的参考用书。

四、致谢

本书提供了丰富的配套学习资源，旨在帮助读者在最短的时间学会并精通三维造型设计。

本书由北京电子科技职业学院的梁美芹、秦涵担任主编，北京电子科技职业学院的孙哲、张亚娟、哈密职业技术学院的赵正强担任副主编，广州中望龙腾软件股份有限公司的苏昌盛、北京电子科技职业学院的刘帅参与编写。广州中望龙腾软件股份有限公司为本书的出版提供了技术支持，河北智略科技有限公司参与了本书的编写，对他们的付出表示真诚的感谢。

编　者

目录

中望 3D 基础入门和草图绘制

【项目描述】

中望 3D 基础入门和草图绘制项目旨在帮助读者了解和掌握 3D（三维）建模技术。该项目通过任务一设置用户界面和实体，使读者能够熟练掌握软件的操作界面，了解各个功能区域的作用和布局。

中望 3D 支持将文件转换为多种格式，包括但不限于 STEP、IGES、DWG、DXF 等。这些功能使得中望 3D 能够与其他主流的 3D 和 2D（二维）设计软件进行有效的文件交互和数据共享。在项目一中设置任务二文件转换，旨在提高读者的设计能力和工作效率，同时也对团队协作、项目管理以及跨平台工作有着重要的意义。这为进一步深入学习和实际应用打下了坚实基础。

在中望 3D 中，草图通常是在 2D 平面上绘制的，它们是创建 3D 模型的基础。草图绘制是中望 3D 中最常用的命令之一，通过对任务三和任务四的学习，读者能够掌握基本绘图命令的使用及编辑，掌握各种草图绘制的技巧和方法，从而提高设计效率和质量。

中望 3D 的预制文字功能具有强大的文字处理能力，使他们能够在复杂的 3D 模型上轻松实现刻字和标记的功能。通过对任务五的学习，读者能够轻松掌握该项技能。

【素养提升】

通过学习和使用中望 3D，读者应熟悉和掌握相关的技术和工具，在实际操作中能够灵活运用软件功能，提高技术素养和创新能力，了解和感受良好的用户体验和界面设计的重要性，培养审美情趣和设计能力。

通过草图绘制，读者应学会仔细观察和捕捉物体的细节，培养认真细致、注重细节的态度；了解和尊重规范和标准，培养在工作中遵守纪律、按照规定操作的意识；了解尺寸标注的重要性，培养在设计和制造过程中注重精确性和严谨性的习惯。

任务一　设置用户界面和实体

【任务导入】

对操作环境及实体进行设置，实体为"方向盘"，如图 1-1 所示。

微课视频

【学习目标】

（1）掌握实体颜色的修改以及"隐藏"命令的使用。

（2）熟悉用户界面样式的设置和背景颜色的设置。

【思路分析】

在本任务中，读者需要设置方向盘的实体颜色，并对绘图区相关图素进行隐藏操作，使图形清晰明了；另外，读者还需要进行用户界面样式的设置，以及背景颜色的设置。

【操作步骤】

（1）打开源文件。打开"方向盘"源文件，如图1-2所示。

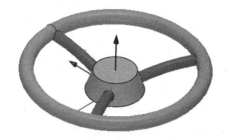

图1-1 实体"方向盘"

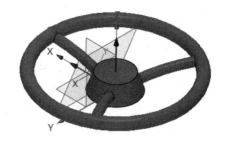

图1-2 "方向盘"源文件

（2）修改外圈颜色。选中方向盘的外圈实体，单击"DA 工具栏"中的"面颜色"按钮▢，系统弹出"标准"对话框，选择颜色为"浅洋红"，如图1-3所示。

（3）修改内圈实体颜色。选中方向盘的内圈实体，单击"DA 工具栏"中的"面颜色"按钮▢，系统弹出"标准"对话框，选择颜色为"浅绿色"，修改颜色后的方向盘如图1-4所示。

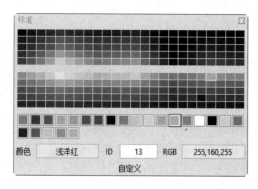

图1-3 "标准"对话框

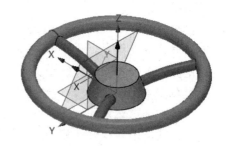

图1-4 修改颜色后的方向盘

（4）隐藏平面。在"历史管理"管理器中右击"平面1"，在弹出的快捷菜单中选择"隐藏"命令，如图1-5所示，即可隐藏所选平面。

（5）隐藏默认 CSYS 基准面。在"历史管理"管理器中取消勾选"默认 CSYS"复选框，如图1-6所示。隐藏默认 CSYS 基准面的结果如图1-7所示。

图 1-5　选择"隐藏"命令　　　　　　　　　　图 1-6　取消勾选

（6）设置界面样式。在 Ribbon 栏空白位置右击，在弹出的快捷菜单中选择"样式"→"ZW-Blue"命令，如图 1-8 所示。

图 1-7　隐藏默认 CSYS 基准面的结果　　　　　图 1-8　设置界面样式

（7）单击界面顶部搜索框右侧的"配置"按钮 ⚙，或者选择"实用工具"菜单中的"配置"命令，系统弹出"配置"对话框，切换至"背景色"选项卡，单击"颜色"按钮，在弹出的"标准"对话框中选择白色，如图 1-9 所示。

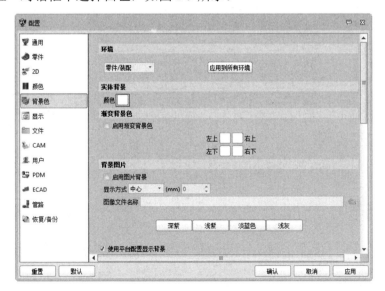

图 1-9　设置背景色

（8）单击对话框中的"确认"按钮，设置完成的用户界面如图 1-10 所示。

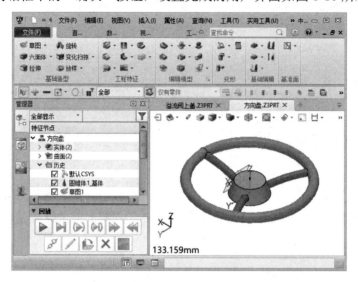

图 1-10　设置完成的用户界面

【知识拓展】

一、中望 3D 图形用户界面

中望 3D 图形用户界面（Graphical User Interface，GUI）旨在最大限度地提高建模区域，同时使用户可方便地访问菜单栏等区域。中望 3D 图形用户界面可以对菜单栏、快速访问工具栏、选项卡和面板进行定制，并对其显示效果进行设置。全局坐标系显示在界面的左下角，显示了激活零件或组件的当前方向，如图 1-11 所示。

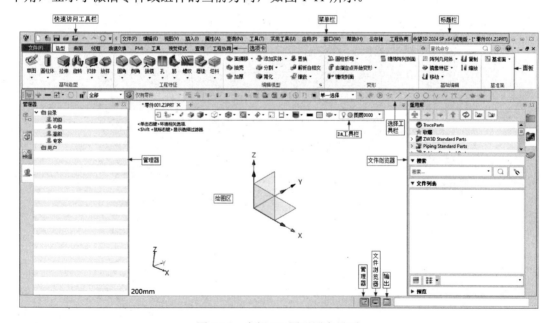

图 1-11　中望 3D 图形用户界面

中望 3D 系统默认的界面样式为 ZW_FlatSilver，若想对界面样式进行设置，可在 Ribbon 栏空白位置右击，在弹出的快捷菜单中选择"样式"命令，在子菜单中选择需要的样式，如图 1-2 所示。

图 1-12　样式下拉菜单

二、新建文件

目前中望 3D 有两种文件管理类型，一种是多对象文件，另外一种是单对象文件。多对象文件是中望 3D 特有的一种文件管理方式，可以同时把中望 3D 零件/装配/工程图和加工文件放在一起以一个单一的 Z3 文件进行管理。

单对象文件，即零件/装配/工程图和加工文件都被保存成单独的文件。这是一种常见的文件保存类型，也是其他 3D 软件常用的文件管理类型。在中望 3D 中，单对象文件类型不是默认类型，因此在新建文件之前，需要在"配置"对话框中选择"通用"选项卡，勾选"单文件单对象（新建文件）"复选框，如图 1-13 所示。

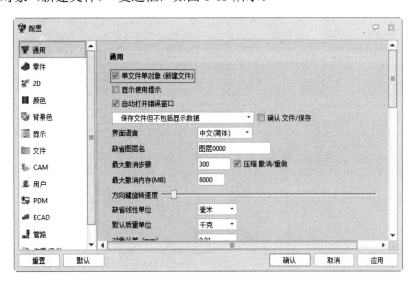

图 1-13　单对象文件设置

此时，单击快速访问工具栏中的"新建"按钮 ，或者选择"文件"菜单中的"新建"命令，系统弹出"新建文件"对话框，如图 1-14 所示。可创建的文件类型有：零件、装配、工程图、2D 草图和加工方案。

若没有勾选"单文件单对象"复选框，则创建的是多对象文件，此时，选择"新建"命令后，弹出的"新建文件"对话框如图 1-15 所示。在该对话框中，零件和装配是同一个图标。

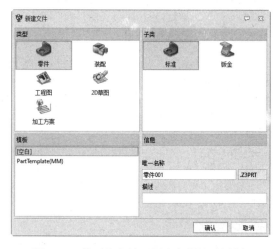

图 1-14　单对象文件"新建文件"对话框　　　图 1-15　多对象文件"新建文件"对话框

三、打开文件

　　单击快速访问工具栏中的"打开"按钮，或者选择"文件"菜单中的"打开"命令，系统弹出"打开"对话框，如图 1-16 所示。在"文件类型"下拉菜单中列出了中望 3D 支持的文件类型，如图 1-17 所示。

图 1-16　"打开"对话框　　　　　　　　图 1-17　文件类型

　　在"快速过滤器"中可选择"零件""装配""工程图""加工方案"和"Z3"选项进行过滤，以便快速选择需要的文件。

四、设置背景颜色

在"配置"对话框中切换至"背景色"选项卡，如图 1-18 所示。在该选项卡中，可分别设置零件/装配环境、独立草图和工程图环境、CAM 环境的背景色。选项卡中部分选项的含义如下。

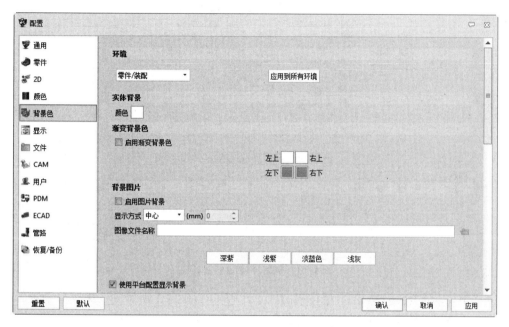

图 1-18 "背景色"选项卡

（1）应用到所有环境：将当前环境的背景设置应用到所有环境中，实现所有环境的背景统一。

（2）颜色：设置实体背景的颜色。

（3）启用渐变背景色：用于激活渐变背景色功能。

（4）左上、右上、左下、右下：为图形窗口 4 个边角指定渐变颜色。

（5）启用图片背景：用于激活背景图片功能。

（6）显示方式：用于设定背景图片显示的方式。选项有：中心、平铺、延伸、固定宽度（输入图片宽度）和固定高度（输入图片高度）。固定宽度和固定高度的数值单位均为毫米。

五、DA 工具栏

DA 工具栏主要放置一些与绘图操作相关的常用命令按钮，固定显示在绘图区上方，不可改变其位置。在中望 3D 中大多数设置和操作可以通过 DA 工具栏实现。图 1-19 所示为零件界面 DA 工具栏，图 1-20 所示为草图环境 DA 工具栏。

若要改变 DA 工具栏的位置，则可在菜单栏和选项卡空白处右击，在弹出的快捷菜单中选择"工具栏"→"DA 工具栏"→"顶\底"命令即可，如图 1-21 所示。

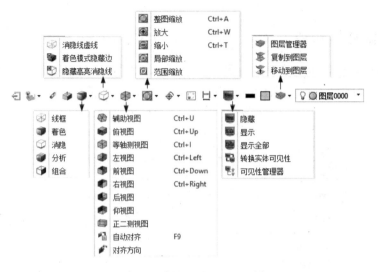

图 1-19　零件界面 DA 工具栏

图 1-20　草图环境 DA 工具栏

同样地，若要改变 DA 工具栏按钮的大小，则可在图 1-21 所示的快捷菜单中选择"工具栏"→"DA 工具栏"→"大图标"命令。

若要显示/隐藏浮动提示，则可在菜单栏和选项卡空白处右击，在弹出的快捷菜单中选择"工具栏"→"DA 浮动提示"→"显示""隐藏"命令，如图 1-22 所示。浮动提示如图 1-23 所示。

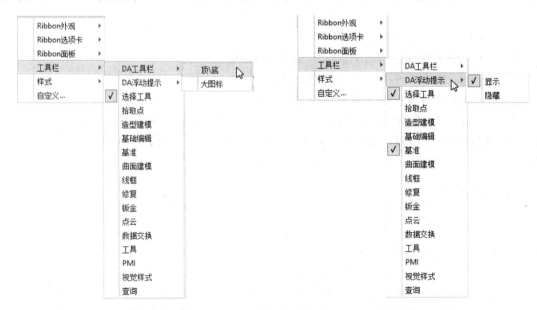

图 1-21　更改 DA 工具栏位置　　　　　　　图 1-22　显示/隐藏浮动提示

按下<F2>动态的观察
<F8>或者<Shift-roll>查找下一个有效的过滤器设置.

图 1-23　浮动提示

任务二　文件转换

【任务导入】

实现图 1-24 所示的溢流阀上盖的文件转换。

微课视频

图 1-24　溢流阀上盖

【学习目标】

（1）学习文件的输入、输出和保存。

（2）掌握工作目录的设置。

（3）熟悉尺寸约束和尺寸标注的应用。

【思路分析】

在本任务中，读者需要将溢流阀上盖的 SolidWorks 文件转换为"*.Z3PRT"文件，并设置工作目录进行保存，然后进行文件的输出，将其转换为"*.igs"文件。

【操作步骤】

（1）输入文件。选择"文件"菜单中的"输入"→"快速输入"命令，系统弹出"快速输入所选文件"对话框，选择"溢流阀上盖.SLDPRT"文件，单击"打开"按钮，系统弹出"转换器进程"对话框，如图 1-25 所示。弯管转换完成，转换后的溢流阀上盖如图 1-26 所示。

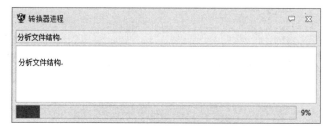

图 1-25　"转换器进程"对话框

图 1-26　转换后的溢流阀上盖

（2）设置工作目录。选择"实用工具"菜单中的"工作目录"命令，系统弹出"选择目录"对话框，设置保存和打开文件的路径，如图 1-27 所示。单击"选择目录"按钮即可。

图 1-27　"选择目录"对话框

（3）保存文件。单击快速访问工具栏中的"保存"按钮，系统弹出"保存为"对话框，输入文件名称"溢流阀上盖"，保存类型为"Z3 File（*.Z3）"，如图 1-28 所示。单击"保存"按钮，保存文件。

图 1-28　"保存为"对话框

（4）输出文件。选择"文件"菜单中的"输出"→"输出"命令，系统弹出"选择输出文件"对话框，选择输出文件类型为"IGES File（*.igs，*.iges）"，如图 1-29 所示。单击"输出"按钮，系统弹出"IGES 文件生成"对话框，如图 1-30 所示。采用默认设置，单击"确定"按钮。

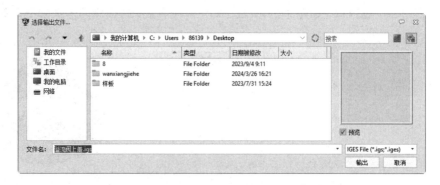

图 1-29　"选择输出文件"对话框

图 1-30 "IGES 文件生成"对话框

【知识拓展】

一、保存文件

单击快速访问工具栏中的"保存"按钮📄，或者选择"文件"菜单中的"保存/另存为"命令，系统弹出"保存为"对话框，如图 1-31 所示。输入文件名称进行保存。可用于保存的文件类型如图 1-32 所示。允许指定非中望 3D 文件类型的扩展名（如.igs、.stp、.vda、.dwg等），以便能将该中望 3D 文件输出为其他格式，如 IGES、STEP 等。保存为非中望 3D 数据文件时，使用输出设置仅保存激活的目标对象。如果一个中望 3D 对象没有被激活，则会显示错误信息。

图 1-31 "保存为"对话框   图 1-32 可用于保存的文件类型

二、设置工作目录

选择"实用工具"菜单中的"工作目录"命令，系统弹出"选择目录"对话框，如图 1-33 所示。选取一个目录，将其设置为当前中望 3D 的工作目录，同时启用此工作目录，即打开文件、保存文件、保存所有文件和文件另存为等操作将使用此路径作为默认路径。单击"选择目录"按钮即可。

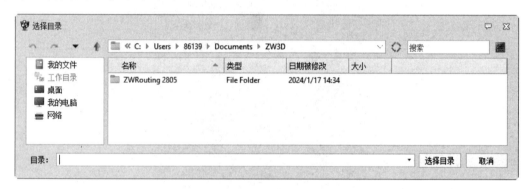

图 1-33 "选择目录"对话框

三、输入/输出文件

中望 3D 提供了图形输入与输出接口，这不仅可以将其他程序中的文件导入中望 3D 中，也可以将中望 3D 中的文件导出到其他程序中。

1. 输入文件

本节介绍的输入文件命令有 3 种，分别是输入、快速输入和批量输入。下面分别进行介绍。

（1）输入。

选择"文件"菜单中的"输入"命令，或者单击"数据交换"选项卡"输入"面板中的"输入"按钮 ，系统弹出"选择文件输入"对话框，如图 1-34 所示。中望 3D 可通过采用不同行业标准的中间和本地格式，来输入文件和输出对象。图 1-35 所示为中望 3D 支持的输入文件类型。

选择一个非中望 3D 文件，这里我们选择"wanguan.SLDPRT"SolidWorks 文件，单击"输入"按钮，系统弹出"SolidWorks 文件输入"对话框，如图 1-36 所示。在输入 Catia、NX、Rhino、Inventor、ProE、SolidWorks、ACIS、SolidEdge 和 JT 文件时，使用该对话框进行各种设置，单击"确定"按钮，即可输入文件。

（2）快速输入。

"快速输入"命令与"输入"命令的用法基本相同，只是不打开图 1-36 所示的对话框进行参数设置，直接导入图形。

图 1-34 "选择文件输入"对话框

图 1-35 输入文件类型

图 1-36 "SolidWorks 文件输入"对话框

（3）批量输入。

选择"文件"菜单中的"输入"→"批量输入"命令，或者单击"数据交换"选项卡"输入"面板中的"批量输入"按钮，系统弹出"批量输入"对话框，如图 1-37 所示。勾选"写入原文件目录"复选框，则输入文件的保存路径与原始文件的保存路径相同。单击"添加文件"按钮，系统弹出"选择文件输入"对话框，选择要输入的文件，多个文件可按住 Shift 或 Ctrl 键进行选择。所有文件完成添加之后，单击"运行"按钮，即可进行批量输入。也可以添加文件夹，进行文件的批量输入。

图 1-37 "批量输入"对话框

 注意

输入文件的文件名称必须是英文名称，文件名称不支持中文。

2. 输出文件

本节介绍两种输出文件的命令，即输出和批量输出。

（1）输出。

使用"输出"命令将中望 3D 对象（如零件、草图、工程图）输出为其他的标准格式，如 IGES、STEP、DWG、HTML、VRML 等。

打开一个已经绘制好的文件，单击"数据交换"选项卡"输入"面板中的"输出"按钮 📇，系统弹出"选择输出文件"对话框，如图 1-38 所示。输入文件名称，选择文件类型，单击"输出"按钮即可完成输出。

图 1-38 "选择输出文件"对话框

（2）批量输出。

使用"批量输出"命令将多个中望 3D 对象（如零件、草图、工程图）同时输出为其他的标准格式，如 IGES、STEP、DWG 等。

单击"数据交换"选项卡"输入"面板中的"批量输出"按钮 📇，系统弹出"批量输出"对话框，如图 1-39 所示。

选择文件的方法有两种：第一种方法，在"选择对象"选项卡中单击"要导出的文件"按钮 📁，系统弹出"选择目录"对话框，如图 1-40 所示。可按住 Shift 或 Ctrl 键选择多个文件。

图 1-39 "批量输出"对话框

图 1-40 "选择目录"对话框

第二种方法,将要输出的文件全部打开,在图 1-39 所示的"选择文件"选项组中会列出所有当前打开的文件,并提供下拉菜单加复选框的模式,用户可以勾选复选框,把当前打开的文件添加到文件列表中。

"选择对象"选项组中的"过滤器"可以过滤对象类型。过滤器有 5 个选项:显示全部、显示零件、显示装配、显示草图和显示工程图。

> **注意**
>
> 在"选择文件"选项组中的文件上右击,在弹出的快捷菜单中可以选择"删除"和"删除未选项"命令。

切换至"输出设置"选项卡,进行输出路径、文件名、是否输出所有图纸和文件类型的设置,如图 1-41 所示。

图 1-41 "输出设置"选项卡

任务三 曲柄草图绘制

【任务导入】

完成图 1-42 所示的曲柄草图的绘制。

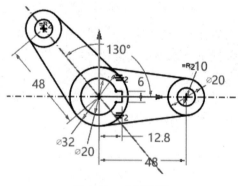

微课视频

图 1-42 曲柄草图

【学习目标】

（1）学习草图的插入。

（2）掌握圆、直线、矩形的绘制和曲线的修剪。

（3）熟悉尺寸约束和尺寸标注的应用。

【思路分析】

在本任务中，读者需要绘制曲柄草图，首先，使用"轴"命令绘制中心线，其次，使用"圆""直线"和"矩形"命令绘制草图，并对草图进行修剪；再次，利用"约束"命令对绘制的草图进行约束，最后，标注尺寸。

【操作步骤】

（1）新建草图。单击"造型"选项卡"基础造型"面板中的"草图"按钮 ✍，系统弹出"草图"对话框，选择默认 CSYS_XZ 基准面，单击"确定"按钮 ✔，进入草图环境。

（2）绘制中心线。单击"草图"选项卡"绘图"面板中的"轴"按钮 ✎，系统弹出"轴"对话框，选择"两点 ✎"选项，绘制两条过原点的中心线，如图 1-43 所示。

（3）绘制同心圆。单击"草图"选项卡"绘图"面板中的"圆"按钮 ○，系统弹出"圆"对话框，选择"边界⊙"选项，绘制同心圆，隐藏约束，如图 1-44 所示。

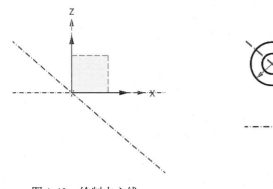

图 1-43　绘制中心线

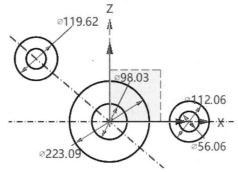

图 1-44　绘制同心圆

（4）绘制切线。单击"草图"选项卡"绘图"面板中的"直线"按钮 ✎，系统弹出"直线"对话框，选择"两点 ✎"选项，单击"点 1"后的"下拉"按钮 ⬇，在打开的下拉菜单中选择"切点"选项，捕捉各圆上的切点绘制切线，如图 1-45 所示。

（5）绘制键槽。单击"草图"选项卡"绘图"面板中的"矩形"按钮 □，系统弹出"矩形"对话框，选择"角点 ⌐"选项，绘制键槽，如图 1-46 所示。

（6）修剪图形。单击"草图"选项卡"编辑曲线"面板中的"单击修剪"按钮 ✂，系统弹出"单击修剪"对话框，修剪键槽，如图 1-47 所示。

（7）删除尺寸。删除图 1-47 所示的上端圆的直径尺寸。

（8）设置等半径约束。单击"草图"选项卡"约束"面板中的"等半径"按钮 ✐，系统弹出"等半径"对话框，对图 1-47 所示的圆 1 和圆 2 进行等半径约束设置。使用同样的方法，对两个小同心圆进行等半径约束设置。

（9）标注和修改尺寸。单击"草图"选项卡"标注"面板中的"快速标注"按钮 ⬚，系统弹出"快速标注"对话框，标注尺寸，并修改已有尺寸。

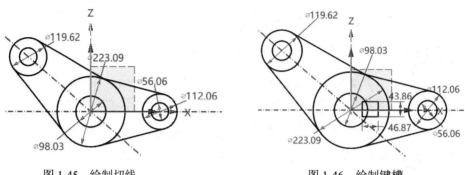

图 1-45　绘制切线　　　　　　　　　　图 1-46　绘制键槽

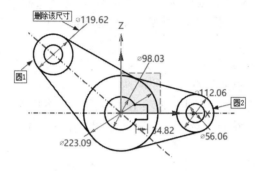

图 1-47　修剪键槽

【知识拓展】

一、绘制线

中望 3D 提供了 4 种绘制线的方法，下面分别进行介绍。

1. 直线

使用"直线"命令可以采用不同的方法绘制直线，包括：两点、平行点、平行偏移、垂直、角度、水平、竖直和中点。

下面重点介绍"平行偏移"的用法和参数设置。

单击"草图"选项卡"绘图"面板中的"直线"按钮，系统弹出"直线"对话框，如图 1-48 所示。单击"平行偏移"按钮，如图 1-49 所示。使用此方法，创建与参考线平行，并与之相距特定距离的直线。

图 1-48　"直线"对话框

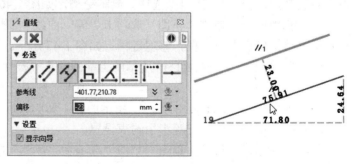

图 1-49　"平行偏移"方式

对话框中各选项含义如下。

（1）参考线：选择一条直线作为平行参考。

（2）偏移：输入偏移量。偏移量的正负决定偏移方向。还可选择一个点确定偏移位置。

（3）长度：用于指定直线的精确长度，可与锁定长度选项结合使用，当长度被锁定后，不可以通过光标拖动直线。

（4）显示向导：勾选该复选框，以虚线显示导引直线，帮助直线定位定向。

其他几种绘线方式比较简单，读者可自行理解。在这里重点介绍一下"水平"和"竖直"绘线方式中要用到的直线界线。

直线界线的设置和使用方法如下。

（1）选择菜单栏中的"插入"→"几何体"→"直线"→"设置直线界线"命令，根据系统提示在绘图区绘制直线界线，如图 1-50 所示。

（2）选择菜单栏中的"插入"→"几何体"→"直线"→"使用直线界线"命令，该命令为开关按钮，若选中则在前面出现✓符号。

（3）单击"草图"选项卡"绘图"面板中的"直线"按钮 ½，绘图区出现虚线形式的直线界线，在直线界线内单击确定直线的位置，如图 1-51 所示。然后单击鼠标中键即可绘制一条与直线界线长度相等的直线，如图 1-52 所示。

图 1-50　绘制直线界线　　　　图 1-51　确定直线位置　　　　图 1-52　绘制的直线

注意

只有采用"水平"和"竖直"方式绘制直线时，才能使用直线界线。

2．轴

使用"轴"命令，采用不同方法创建一条内部/外部构造线。该命令与"直线"命令基本相同，这里不再过多介绍。

二、绘制圆

圆也是几何图形的基本元素，掌握绘制圆的技巧，对快速完成几何图形的绘制有关键性作用。

单击"草图"选项卡"绘图"面板中的"圆"按钮 ○，系统弹出"圆"对话框，如图 1-53 所示。该对话框中有边界法、半径法、三点法、两点半径法、两点法和三切线法等 6 种绘制圆的方法，如图 1-54 所示。

图 1-53 "圆"对话框

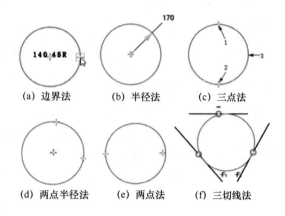

(a) 边界法　　(b) 半径法　　(c) 三点法

(d) 两点半径法　　(e) 两点法　　(f) 三切线法

图 1-54　绘制圆

三、绘制矩形

单击"草图"选项卡"绘图"面板中的"矩形"按钮□，系统弹出"矩形"对话框，如图 1-55 所示。该对话框中包括中心、角点、中心-角度、角点-角度和平行四边形等 5 种绘制矩形的方法。

（1）中心：通过定义中心点和一个对角点，来创建一个水平或垂直矩形，如图 1-56（a）所示。

（2）角点：通过定义两个角点，来创建一个水平或垂直矩形，如图 1-56（b）所示。

（3）中心-角度：通过定义中心点和旋转角度创建一个矩形。可使用该命令创建一个旋转一定角度的矩形，如图 1-56（c）所示。

图 1-55 "矩形"对话框

（4）角点-角度：通过定义一个角点和旋转角度创建矩阵，如图 1-56（d）所示。

（5）平行四边形：通过定义 3 个角点创建一个矩形，如图 1-56（e）所示。

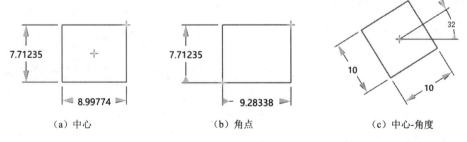

(a) 中心　　　　　　（b）角点　　　　　　（c）中心-角度

图 1-56　矩形绘制的 5 种方法示例

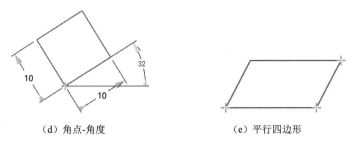

（d）角点-角度　　　　　　　　　（e）平行四边形

图 1-56　矩形绘制的 5 种方法示例（续）

四、修剪草图

修剪草图是草绘过程中最常见的编辑操作。中望 3D 提供了多个修剪工具，如图 1-57 所示。可以使用"划线修剪"和"单击修剪"命令快速修剪草图，也可以使用"修剪/延伸成角"命令编辑相交线段。

图 1-57　修剪工具

1．划线修剪

"划线修剪"命令将会根据鼠标移动的轨迹对经过的实体进行裁剪。

单击"草图"选项卡"编辑曲线"面板中的"划线修剪"按钮，按住鼠标左键对实体进行修剪。划线修剪操作示例如图 1-58 所示。

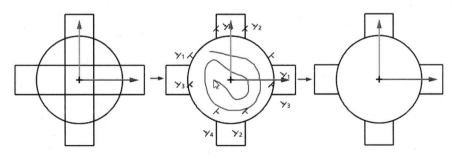

图 1-58　划线修剪操作示例

注意

划线修剪不能修剪单一闭合曲线。

21

2. 单击修剪

"单击修剪"命令用于已选曲线段的自动修剪。最近相交的曲线作为修剪边界。

单击"草图"选项卡"编辑曲线"面板中的"单击修剪"按钮 ，系统弹出"单击修剪"对话框，如图1-59所示。单击修剪操作示例如图1-60所示。

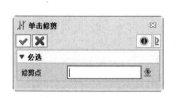

图1-59　"单击修剪"对话框

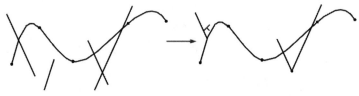

图1-60　单击修剪操作示例

3. 修剪/延伸

"修剪/延伸"命令用于修剪/延伸线、弧或曲线。可修剪/延伸到一个点、一条曲线或输入一个延伸长度。

单击"草图"选项卡"编辑曲线"面板中的"修剪/延伸"按钮 ，系统弹出"修剪/延伸"对话框，如图1-61所示。先选择需修剪或延伸的曲线，然后选择需修剪/延伸的目标点或曲线，或输入一个延伸长度。修剪/延伸操作示例如图1-62所示。

图1-61　"修剪/延伸"对话框

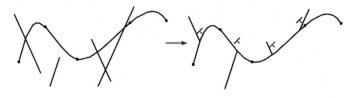

图1-62　修剪/延伸操作示例

4. 修剪/打断曲线

"修剪/打断曲线"命令可将曲线修剪或打断成一组边界曲线。

单击"草图"选项卡"编辑曲线"面板中的"修剪/打断曲线"按钮 ，系统弹出"修剪/打断曲线"对话框，如图1-63所示。首先选定要打断或修剪的边界曲线，然后选择要删除、保留、打断的曲线段。修剪/打断曲线操作示例如图1-64所示。

图1-63　"修剪/打断曲线"对话框

图1-64　修剪/打断曲线操作示例

5．通过点修剪/打断曲线

"通过点修剪/打断曲线"命令可选择曲线上的点修剪/打断一条曲线。用户可选择保留多条线段，或只打断曲线。

单击"草图"选项卡"编辑曲线"面板中的"通过点修剪/打断曲线"按钮，系统弹出"通过点修剪/打断曲线"对话框，如图 1-65 所示。首先选择一条要修剪或打断的曲线，然后在曲线上或曲线附近选择修剪/打断点，最后选择要保留的线段或单击鼠标中键只打断曲线。通过点修剪/打断曲线操作示例如图 1-66 所示。

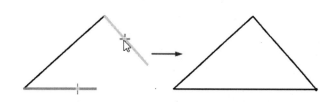

图 1-65　"通过点修剪/打断曲线"对话框　　　　图 1-66　通过点修剪/打断曲线操作示例

6．修剪/延伸成角

"修剪/延伸成角"命令可修剪或延伸两条曲线，使其形成一个角。

单击"草图"选项卡"编辑曲线"面板中的"修剪/延伸成角"按钮，系统弹出"修剪/延伸成角"对话框，如图 1-67 所示。在修剪端附近选择曲线 1，然后在修剪端附近选择曲线 2，曲线自动修剪/延伸。修剪/延伸成角操作示例如图 1-68 所示。

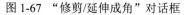

图 1-67　"修剪/延伸成角"对话框　　　　图 1-68　修剪/延伸成角操作示例

7．删除弓形交叉

当带圆角的曲线偏移距离大于圆角半径时，会自动创建弓形交叉并需要手动删除该弓形交叉。

单击"草图"选项卡"编辑曲线"面板中的"删除弓形交叉"按钮，系统弹出"删除弓形交叉"对话框，如图 1-69 所示。删除弓形交叉操作示例如图 1-70 所示。

8．断开交点

"断开交点"命令可在相交处自动断开曲线段。

图 1-69 "删除弓形交叉"对话框

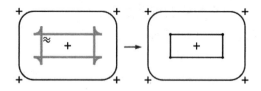

图 1-70 删除弓形交叉操作示例

单击"草图"选项卡"编辑曲线"面板中的"断开交点"按钮 ○，系统弹出"断开交点"对话框，如图 1-71 所示。选中两条相交曲线或选中一条自相交曲线，单击鼠标中键即可将曲线断开。断开交点操作示例如图 1-72 所示。

图 1-71 "断开交点"对话框

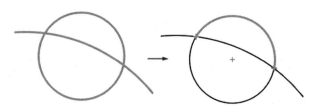

图 1-72 断开交点操作示例

五、草图约束

在中望 3D 中，有两种方法可添加几何约束。一种是先选择需要约束的几何元素，然后选择系统自动提供的当前可添加的约束类型，实现这种方式的命令是自动约束；另一种是先选择需要添加的约束类型，然后选择待约束的几何对象。

1. 手动添加约束

使用"添加约束"命令为激活的 2D 草图添加约束。

单击"草图"选项卡"约束"面板中的"添加约束"按钮 ，系统弹出"添加约束"对话框，如图 1-73 所示。根据所选的实体，系统显示可用的约束类型。选择所需的类型完成添加约束。

"约束"面板中有 19 种约束类型，下面详细介绍各种约束的用法。

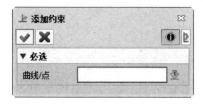

图 1-73 "添加约束"对话框

（1）固定 ：在点或实体上创建固定约束，使该点或实体固定于当前的位置。该点或实体将保持固定状态，直到约束被删除为止。

1）如果固定的实体是直线或曲线，该实体将不能旋转或不能在法线方向移动。

2）如果固定的实体是圆，该实体将被完全固定，既不能移动也不能旋转或缩放。

（2）点水平 ：在点上创建点水平约束，使该点相对基点的 Y 值保持水平。受约束点将在 Y 值上保持水平，直到约束被删除为止。

（3）点垂直 ：在点上创建点垂直约束，使该点相对基点的 X 值保持垂直。受约束点将在 X 值上保持垂直，直到约束被删除为止。

（4）中点 ✈：将点约束在两个选定点之间的中点处。两点中任意一点发生移动，受约束点将仍保持在两点之间的中点处，直到约束被删除为止。

（5）点到直线/曲线 ✎：在点上创建点到直线/曲线约束。若选择直线，则点与基准直线保持共线。如果基准直线发生改变，受约束点仍将保持与基准直线共线，直到约束被删除为止。若选择曲线，则点固定在基准曲线上。如果基准曲线发生改变，受约束点将仍在基准曲线上，直到约束被删除为止。

（6）点在交点上 ✕：创建点在交点上约束，使其保持在两条基准曲线的相交处。基准曲线可以是弧、圆或曲线。

（7）点重合 ⌐：使用此约束将多个点重合。包含重合点的任意实体发生移动后，受约束点仍将保持重合，直到约束被删除为止。

（8）水平 **HORZ**：在直线上创建水平约束，使其保持水平。受约束直线将保持水平，直到约束被删除为止。

（9）竖直 ‖：在直线上创建竖直约束，使其保持竖直。受约束直线将保持竖直，直到约束被删除为止。

（10）对称 ≡：在点上创建一个对称约束，使其相对一条基准直线对称。

（11）部分对称 ≡：支持对象包括两条不等长直线、两个圆和圆弧的任意组合。例如，直线部分对称，则两直线与对称轴之间的夹角相等；圆弧与圆弧部分对称，则两圆弧的圆心对称、半径相等。

（12）垂直 ⊥：在曲线或直线上创建垂直约束，使其与基准线垂直。

（13）平行 ∥：在直线上创建平行约束，使其保持平行于基准直线。

（14）共线 ✔：在直线上创建与另一条直线共线的约束，确保两条直线位于同一条直线上。

（15）相切 ◯：在两条直线、两个弧、两个圆或两条曲线上创建相切约束，使其保持相切。两直线、弧、圆或曲线之一发生变化，另一直线、弧、圆或曲线将保持与其相切，直到约束被删除为止。也可以选择一条坐标轴并与之相切。

（16）等长 ‖=‖：在实体上创建一个等长约束，使其相对于另一个实体保持等长。对于不同类型的实体，不可设置等长约束。

（17）等半径 ⌐⌐：创建一个等半径约束，使圆/圆弧对另一个圆/圆弧保持等半径。

（18）等曲率 ⌐⌐：支持曲线与曲线、曲线与圆弧、曲线与直线之间的曲率约束，约束后两线 G2 连续（曲率相等）。被约束的线需要首尾相接。

（19）同心 ◎：在点上创建同心约束，使其保持与基准弧或圆同心。基准弧或圆发生变化，受约束点将保持与之同心。

2. 自动约束

"自动约束"命令将分析当前的草图几何体，并自动添加约束和标注。

单击"草图"选项卡"约束"面板中的"自动约束"按钮 ⚡，系统弹出"自动约束"对话框，如图 1-74 所示。

"自动约束"对话框中各选项的含义如下。

（1）基点：选择一个基点，或单击鼠标中键，使用默认的草图平面原点。在该点上放置一个 2D 约束（固定）。

（2）实体：选择需要创建自动约束和标注的实体。

（3）约束：勾选可以应用的约束。

（4）创建标注：勾选该复选框，则可自动创建标注并设置标注添加的优先级。

图 1-74 "自动约束"对话框

六、草图尺寸标注

理论上任何草图通过添加合理的形状和位置约束之后即可被视为确定的草图。然而，不管是形状还是位置，在 3D 软件当中都可以通过几何关系和尺寸实现对草图的完整约束。

1. 快速标注

使用"快速标注"命令，选择一个实体或选定标注点进行标注。根据选中的实体、点和命令选项，此命令可创建不同的标注类型。

单击"草图"选项卡"标注"面板中的"快速标注"按钮，系统弹出"快速标注"对话框，如图 1-75 所示。

默认情况下，手动添加的尺寸都是驱动尺寸，同时，这些尺寸也被视为强尺寸，这意味着这些尺寸会驱动整个草图的更改。为了更容易约束整个草图，也可以单击快速访问工具栏或 DA 工具栏中的"自动求解当前草图"按钮右侧的"下拉"按钮，在弹出的下拉菜单中选择"自动添加弱标注"选项，在这种模式下，添加的尺寸为弱尺寸且显示为灰色，如图 1-76 所示。

图 1-75 "快速标注"对话框

对于一个草图，当几何形状和位置被合理约束后，这个草图即可被视为确定的草图，又被称为明确约束草图。在有些情况下，为了让草图更易懂，一些额外的尺寸将被添加，这些尺寸被称为参考尺寸，被放在括号中，如图 1-77 所示。

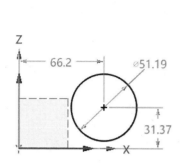

图 1-76　自动添加弱标注

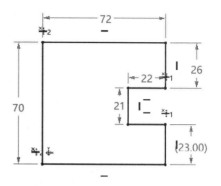

图 1-77　参考尺寸

注意

在某些情况下，如果只需要显示目标草图，可以单击 DA 工具栏中的"打开/关闭标注"按钮和"打开/关闭约束"按钮，如图 1-78 所示。

图 1-78　"打开/关闭标注"按钮和"打开/关闭约束"按钮

2. 尺寸标注

（1）线性标注。

可在草图和工程图上创建 2D 线性标注。单击"草图"选项卡"标注"面板中的"线性"按钮，系统弹出"线性"对话框，如图 1-79 所示。该对话框中有线性水平标注、垂直标注和对齐标注 3 种标注方法。

（2）线性偏移标注。

可创建偏移标注和投影距离标注。偏移标注是指在两条平行线之间创建标注。投影距离标注是指投影一个点到一条线的垂直距离的线性标注。单击"草图"选项卡"标注"面板中的"线性偏移"按钮，系统弹出"线性偏移"对话框，如图 1-80 所示。

图 1-79　"线性"对话框

图 1-80　"线性偏移"对话框

（3）对称标注。

可在草图和工程图上创建 2D 对称标注。单击"草图"选项卡"标注"面板中的"对称"按钮 ，系统弹出"对称"对话框，如图 1-81 所示。该对话框中有线性和角度两种标注方法。

（4）角度标注。

可在草图和工程图上创建 2D 角度标注。单击"草图"选项卡"标注"面板中的"角度"按钮 ，系统弹出"角度"对话框，如图 1-82 所示。

图 1-81 "对称"对话框   图 1-82 "角度"对话框

该对话框中有不同类型的标注，包括两曲线标注、水平标注、垂直标注、三点标注和弧长标注。其中，两曲线标注、水平标注和垂直标注不仅支持直线与直线之间的角度标注，还支持直线与曲线、曲线与曲线之间的角度标注。若选择插值曲线，则拾取到的是最近的插值点；若选择控制点曲线，则拾取到的是最近的端点。与曲线的角度标注，实质是与曲线在最近的插值点或端点处的切线间的角度。

（5）半径/直径标注。

创建草图、工程图以及零件的半径/直径标注。

单击"草图"选项卡"标注"面板中的"半径/直径"按钮 ，系统弹出"半径/直径"对话框，如图 1-83 所示。在该对话框中，可以创建标准、直径、折弯、引线和大半径等标注。在工程图和零件下，双击创建的标注即可对其进行编辑。

（6）周长标注。

创建草图的周长标注，双击创建的标注可对其进行编辑。

单击"草图"选项卡"标注"面板中的"周长"按钮 ，系统弹出"周长"对话框，如图 1-84 所示。

图 1-83 "半径/直径"对话框   图 1-84 "周长"对话框

任务四　间歇轮草图绘制

【任务导入】

绘制图 1-85 所示的间歇轮草图。

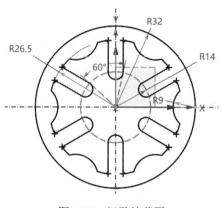

微课视频

图 1-85　间歇轮草图

【学习目标】

（1）学习新建零件和草图的插入。

（2）掌握"偏移"命令的使用及槽的绘制。

（3）熟悉"阵列""旋转""圆角"命令的使用。

（4）进一步熟练掌握尺寸标注及约束的应用。

【思路分析】

在本任务，读者需要绘制间歇轮草图，首先，通过"圆"和"偏移"命令绘制同心圆；其次，绘制槽并对其进行阵列；再次，绘制圆并对其进行旋转复制；最后，绘制圆角并确保草图的尺寸和比例符合设计规格。

【操作步骤】

（1）设置草绘平面。单击"造型"选项卡"基础造型"面板中的"草图"按钮，系统弹出"草图"对话框，在绘图区选择默认 CSYS-XY 平面作为草绘平面，单击"确定"按钮，进入草图环境。

（2）绘制中心线。单击"草图"选项卡"绘图"面板中的"轴"按钮，系统弹出"轴"对话框，单击"水平"按钮，捕捉原点绘制水平中心线；单击"垂直"按钮，捕捉原点绘制竖直中心线。

（3）绘制圆 1。单击"草图"选项卡"绘图"面板中的"圆"按钮，系统弹出"圆"对话框，选择圆的绘制方式为"半径"，以原点为圆心，绘制半径为"14mm"的圆，结果如图 1-86 所示。

（4）偏移图形。单击"草图"选项卡"曲线"面板中的"偏移"按钮，系统弹出"偏移"对话框，选择半径为"14mm"的圆，设置偏移距离为"12.5mm"，将其向外偏移，如图 1-87 所示。单击"确定"按钮，偏移完成。使用同样的方法，再将半径为"14mm"的圆向外偏移"18mm"。偏移结果如图 1-88 所示。

图 1-86 绘制圆   图 1-87 设置偏移参数

（5）标注尺寸。选中尺寸"12.5mm"和"18mm"，按键盘上的 Delete 键，将其删除。单击"草图"选项卡"标注"面板中的"半径/直径"按钮，系统弹出"半径/直径"对话框，选择偏移后的两个圆进行直径标注，如图 1-89 所示。

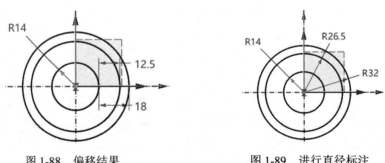

图 1-88 偏移结果   图 1-89 进行直径标注

（6）切换类型。选中半径为"14mm"的圆，右击，在弹出的快捷菜单中单击"切换类型（构造型/实体型）"按钮，如图 1-90 所示。将该圆转换为构造线，如图 1-91 所示。

（7）绘制槽。单击"草图"选项卡"绘图"面板中的"槽"按钮，系统弹出"槽"对话框，选择"直线"选项，半径设置为"3mm"，以半径为"14mm"的圆的上象限点为圆心绘制槽，如图 1-92 所示。

（8）阵列槽。单击"草图"选项卡"基础编辑"面板中的"阵列"按钮，系统弹出"阵列"对话框，选择阵列类型为"圆形"，选择槽下端半径为"3mm"的圆弧和直线，以原点为阵列中心点进行阵列，在"间距"下拉菜单中选择"数目和间距"选项，将数目设置为"6"，间距角度设置为"60deg"，取消勾选"添加标注"复选框，如图 1-93 所示。单击"确定"按钮，阵列结果如图 1-94 所示。

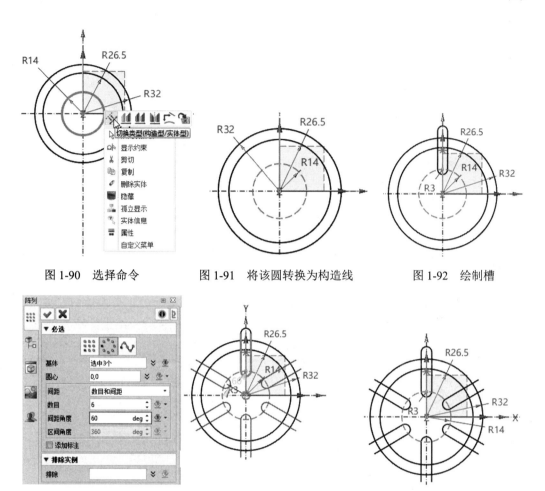

图 1-90 选择命令　　　　图 1-91 将该圆转换为构造线　　　　图 1-92 绘制槽

图 1-93 阵列参数设置　　　　　　　图 1-94 阵列结果

（9）修剪图形 1。单击"草图"选项卡"编辑曲线"面板中的"单击修剪"按钮 ，系统弹出"单击修剪"对话框，修剪多余的图形，结果如图 1-95 所示。

（10）绘制圆 2。单击"草图"选项卡"绘图"面板中的"圆"按钮 ，系统弹出"圆"对话框，选择圆的绘制方式为"半径 "，以半径为"32mm"的圆的右象限点为圆心绘制半径为"9mm"的圆，结果如图 1-96 所示。

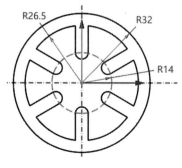

图 1-95 修剪图形 1

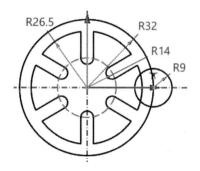

图 1-96 绘制圆 2

（11）旋转复制图形。单击"草图"选项卡"基础编辑"面板中的"旋转"按钮，系统弹出"旋转"对话框，选择半径为"9mm"的圆作为要旋转的实体，单击"复制"单选按钮，设置旋转角度为"60deg"，复制个数为"5"，如图 1-97 所示。单击"确定"按钮，旋转复制结果如图 1-98 所示。

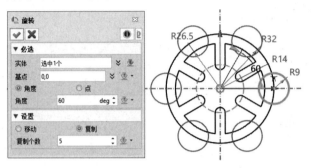

图 1-97　旋转复制参数设置

（12）修剪图形 2。单击"草图"选项卡"编辑曲线"面板中的"单击修剪"按钮，系统弹出"单击修剪"对话框，修剪多余的图形，对图形进行整理，结果如图 1-99 所示。

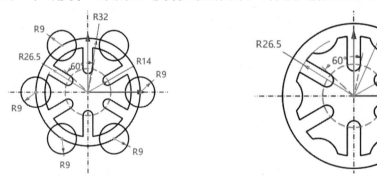

图 1-98　旋转复制结果　　　　　　　　　图 1-99　修剪图形 2

（13）绘制圆角。单击"草图"选项卡"编辑曲线"面板中的"圆角"按钮，系统弹出"圆角"对话框，设置半径为"1mm"，选择图 1-100 所示的两条曲线绘制圆角，单击"确定"按钮，完成圆角绘制。使用同样的方法，选择其他曲线绘制圆角，如图 1-101 所示。

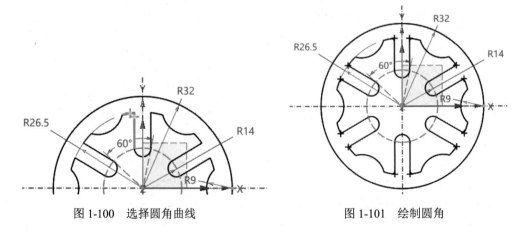

图 1-100　选择圆角曲线　　　　　　　　　图 1-101　绘制圆角

【知识拓展】

一、槽

可通过选择两个点定义半径、直径或边界来创建一个二维槽。

单击"草图"选项卡"绘图"面板中的"槽"按钮🖊️，系统弹出"槽"对话框，如图 1-102 所示。该对话框提供了 4 种绘制槽的方法。

（1）直线：通过选择两个中心点定义直线，来创建一个槽，如图 1-103（a）所示。

（2）中心直线：通过选择第一个点作为槽的中心点，第二个点作为槽的圆心，来创建一个槽，如图 1-103（b）所示。

（3）穿过圆弧：选择两个中心点定义圆弧，通过圆弧上的点来创建一个槽，如图 1-103（c）所示。

（4）中心圆弧：选择一个点作为圆心，然后选择圆上的两个中心点，来创建一个槽，如图 1-103（d）所示。

图 1-102 "槽"对话框

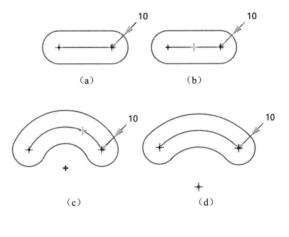

图 1-103 槽的 4 种绘制方法示例

二、圆角

绘制圆角的方法有两种，一种是利用"圆角"命令在两条曲线间绘制圆角，另一种是利用"链状倒角"命令在曲线链中绘制指定半径的圆角。

1. 圆角

使用"圆角"命令可绘制两条曲线间的圆角。

单击"草图"选项卡"编辑曲线"面板中的"圆角"按钮🔲，系统弹出"圆角"对话框，如图 1-104 所示。该对话框中部分选项含义如下。

（1）圆角方式。

1）半径🔲：采用该种方式绘制半径圆角，需选择两条曲线并设置圆角半径，如图 1-105（a）所示。

2）边界：采用该种方式绘制边界圆角，选择两条曲线和两条曲线间的点创建圆角，如图 1-105（b）所示。

（2）G2（曲率连续）圆弧：勾选该复选框，则使用设计弧来替代传统圆弧。设计弧是 NURBS（非均匀有理 B 样条）曲线，其与弧的切点匹配但在端点的曲率为零。

（3）修剪：采用两种方式绘制圆角，均可设置是否对曲线进行修剪。修剪选项包括：两者都修剪、不修剪、修剪第一条和修剪第二条。

（4）延伸：使用该选项来控制延伸曲线的路径。延伸选项包括：线性、圆形和反射。

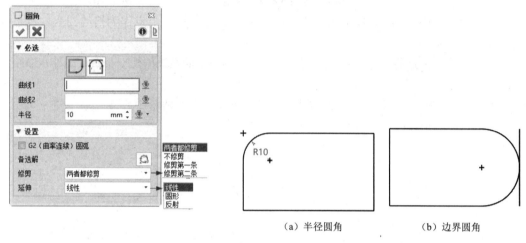

图 1-104 "圆角"对话框　　　　　　　　（a）半径圆角　　（b）边界圆角

图 1-105 绘制圆角示例

2. 链状倒角

使用"链状倒角"命令可在曲线链中绘制一个圆角。

单击"草图"选项卡"编辑曲线"面板中的"链状倒角"按钮，系统弹出"链状倒角"对话框，如图 1-106 所示。在该对话框中选择要进行圆角操作的曲线链，然后确定倒角距离。

在对话框中若勾选"修剪原曲线"复选框，则修剪原始曲线。否则，只绘制圆角不修剪曲线。图 1-107 所示为链状倒角操作示例。

图 1-106 "链状倒角"对话框　　　　　图 1-107 链状倒角操作示例

三、偏移

通过偏移曲线、曲线链或边缘，来创建另一条曲线。

单击"草图"选项卡"曲线"面板中的"偏移"按钮，系统弹出"偏移"对话框，如图 1-108 所示。该对话框中各选项的含义如下。

（1）曲线：要进行偏移的曲线。

（2）距离：偏移距离。

（3）翻转方向：若勾选该复选框，则反转偏移方向。

（4）在两个方向偏移：若勾选该复选框，则进行双向偏移。

（5）在凸角插入圆弧：若勾选该复选框，则在连接处插入一段圆弧，如图 1-109 所示。

（6）大致偏移：若勾选该复选框，则偏移将分开曲线相交处，并移除无效区域。用户选择的曲线做粗略偏移，得到一个形状和原始曲线大体接近、没有自相交、尖锐边或拐角的偏移曲线。

（7）连接的曲线以完整的圆弧显示：若勾选该复选框，则在各连接线或曲线转角插入一段圆弧，如图 1-110 所示。

（8）在圆角处修剪偏移曲线：若勾选该复选框，则对偏移曲线的圆角端点进行修剪。

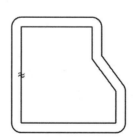
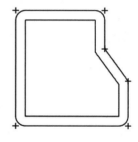

图 1-108 "偏移"对话框　　图 1-109 在凸角插入圆弧　　图 1-110 连接的曲线以完整的圆弧显示

（9）删除偏移区域的弓形交叉：若勾选该复选框，则偏移后形成的弓形交叉被删除，图 1-111 所示为删除弓形交叉和不删除弓形交叉的对比图。

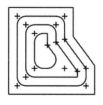

（a）删除弓形交叉　　　　　　　（b）不删除弓形交叉

图 1-111 删除弓形交叉和不删除弓形交叉的对比图

四、阵列

将草图/工程图中的实体进行阵列。

单击"草图"选项卡"基础编辑"面板中的"阵列"按钮，系统弹出"阵列"对话框，如图 1-112 所示。该对话框中提供了 3 种阵列方式：线性阵列、圆形阵列和沿曲线阵列。下面分别对 3 种阵列方式进行介绍。

1. 线性阵列

单击"线性"按钮，图 1-112 所示的对话框中的各选项的含义如下。

（1）基体：要阵列的实体。在草图环境中不能选择标注与约束进行阵列，但是在阵列时会自动将所选几何对象内部的标注和约束（非固定约束）进行阵列。在工程图环境中不能选择标注、表格和视图进行阵列。

（2）方向/方向 2：线性阵列时，须指定阵列方向。可选择两个非平行的方向进行阵列。

图 1-112 "阵列"对话框

（3）间距：可以通过 3 种方式定义阵列的数目和间距，分别是数目和间距、数目和区间、间距和区间。对线性阵列而言，第一种方式是直接输入沿该方向阵列的数目和每个实体间的间距值；第二种方式是指定阵列的最大距离区间及阵列的数目，自动计算出合适的间距值；第三种方式是指定阵列的间距及最大距离区间，自动计算出能够阵列的数目。

（4）数目：阵列的数目。

（5）间距距离：实体间的距离。

（6）区间距离：阵列的最大距离。

2. 圆形阵列

单击"圆形"按钮，对话框如图 1-113 所示。该对话框中部分选项的含义如下。

（1）圆心：圆形的中心点。

（2）间距角度：实体间的距离或角度。

（3）区间角度：阵列的角度区间。

3. 沿曲线阵列

单击"沿曲线"按钮，对话框如图 1-114 所示。其中"曲线"是指要选择的参考曲线。其余参数的含义可参考圆形阵列中相关参数的含义，这里不再赘述。

图 1-113 "阵列-圆形"对话框

图 1-114 "阵列-沿曲线"对话框

五、旋转

可使草图/工程图实体围绕一个参照点旋转移动或旋转复制。

单击"草图"选项卡"基础编辑"面板中的"旋转"按钮，系统弹出"旋转"对话框，如图 1-115 所示。选择需旋转的实体，指定旋转的基点，指定旋转角度。

图 1-115 "旋转"对话框

任务五 匾额绘制

【任务导入】

在已经创建好的匾额上绘制文字，如图 1-116 所示。

微课视频

图 1-116 匾额绘制

【学习目标】

（1）学习文件的打开、草图的编辑。
（2）学习中间曲线的创建。
（3）掌握预制文字的绘制以及曲线的隐藏。

【思路分析】

在本任务中，读者需要在已经创建好的匾额上绘制文字，首先打开源文件，然后编辑草图，创建中间曲线，最后绘制文字。

【操作步骤】

（1）打开源文件。打开"匾额"源文件。

（2）重新编辑草图。在"历史管理"管理器中右击"草图 2"，在弹出的快捷菜单中单击"重定义"按钮，进入草图界面。

（3）绘制中间曲线。单击"草图"选项卡"曲线"面板中的"中间曲线"按钮，系统弹出"中间曲线"对话框，选择图 1-117 所示的两条边作为"曲线 1"和"曲线 2"，在"方法"下拉菜单中选择"等距-等距端点"选项，如图 1-118 所示。

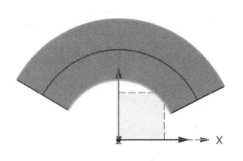

图 1-117　选择曲线

图 1-118　"中间曲线"对话框

（4）绘制文字。单击"草图"选项卡"绘图"面板中的"预制文字"按钮 ，系统弹出"预制文字"对话框，在"文字"输入框中输入文字"中望 3D"，设置字体为微软雅黑，字高为"17"，将文字间的水平间距设置为"1"，在"曲线"输入框中单击，在绘图区选择图 1-119 所示的曲线，然后在图 1-120 所示的对话框中的"原点"后的输入框内设置放置位置，绘制文字如图 1-121 所示。

图 1-120　"预制文字"对话框

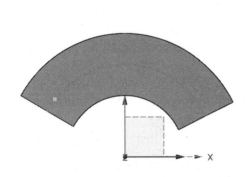

图 1-119　选择曲线

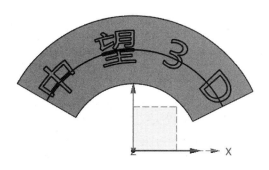

图 1-121　绘制文字

（5）隐藏曲线。选中草图中的曲线，右击，在弹出的快捷菜单中选择"隐藏"命令，将其隐藏。

【知识拓展】

一、中间曲线

在两条曲线、圆弧或两个圆的中间创建一条曲线。中间曲线上的任何点到两条曲线的距离均相等。

单击"草图"选项卡"曲线"面板中的"中间曲线"按钮 ，系统弹出"中间曲线"对话框，如图 1-122 所示。该对话框中部分选项的含义如下。

（1）曲线 1/曲线 2：选择的第 1 条或第 2 条曲线。

（2）方法：控制中间曲线的形状，可从以下选项中选择。

1）等距-中分端点：中间曲线的两个端点分别为 S1、S2 和 E1、E2 的中点，如图 1-123（a）所示。

2）等距-等距端点：计算端点周围的精确二等分点。这表示从中间曲线的端点到两条曲线（并非其端点）的垂直距离相等，如图 1-123（b）所示。

图 1-122　"中间曲线"对话框

3）中分：系统在两条曲线上采样，并将采样点依次连接。中间曲线为通过各连接线中点，依次拟合的曲线，如图 1-123（c）所示。

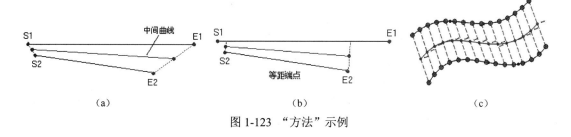

（a）　　　　　　　　　　　（b）　　　　　　　　　　　（c）

图 1-123　"方法"示例

二、预制文字

创建沿水平方向或曲线的文字。可在平面或非平面上绘制文字，再利用"拉伸"或"拉伸切除"命令创建一个下沉或上浮的特征。

单击"草图"选项卡"绘图"面板中的"预制文字"按钮 A，系统弹出"预制文字"对话框，该对话框用于编辑文字，并设置文字的字体、样式和大小等，如图 1-124 所示。

要编辑草图文字，只需双击文字即可进行修改。

图 1-124 "预制文字"对话框

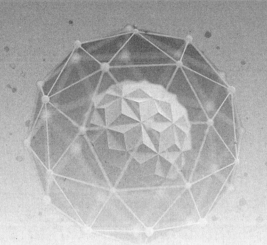

实体造型与编辑

【项目描述】

本项目通过4个任务介绍实体建模常用命令的使用方法，以及造型编辑等基本操作。

任务一是大臂设计。该任务旨在让读者掌握中望 3D 软件中的基础造型技能，包括六面体、圆柱体、拉伸等基本造型的创建；通过布尔运算（如相加、相减、相交等），以及组合或修改基础形体来创建更为复杂的形状。特征编辑工具可以在保持设计意图的同时快速修改模型的外观和属性。

任务二是吹风机设计。该任务旨在让读者学习高级建模技巧。在这个任务中，读者将专注于理解和应用基准面的创建以及各种 3D 建模命令，以实现复杂设备的设计。吹分机设计任务不仅要求读者学会使用各种建模工具，还要求他们理解这些工具在实际工程中的作用，以创造出既符合设计规范又具有创新性的机械产品。

任务三是微波炉饭盒设计。该任务旨在让读者通过一个与日常生活紧密相关的实际案例来掌握中望 3D 软件中与产品设计和制造准备相关的关键命令。在这个任务中，读者将学习如何利用"拔模""抽壳"等命令来创建具有特定制造要求的 3D 模型。

任务四是齿轮设计。通过该任务，读者可深入学习中望 3D 软件中的齿轮库特征，并掌握如何结合实体造型和编辑命令来创建和修改精确的齿轮模型。在这个任务中，读者将了解到齿轮设计的基础知识以及如何在软件中实现设计理念。

通过这 4 个任务，读者将逐步掌握中望 3D 软件中从基础操作到高级应用的全面技能，为未来的工程设计和产品开发工作打下坚实的基础。

【素养提升】

通过对本项目的学习，培养读者的工匠精神和精益求精的态度，以及在复杂系统中分析和解决问题的能力；在遇到设计难题时，读者能够灵活运用已有知识，寻找有效的解决方案，并学会高效地管理设计资源，提升工作效率和产品质量。

任务一 大臂设计

【任务导入】

绘制图 2-1 所示的大臂。

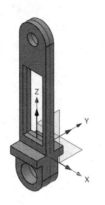

微课视频

图 2-1　大臂

【学习目标】

（1）学习六面体、圆柱体的创建。

（2）掌握"拉伸"命令的使用。

（3）熟悉"孔""圆角"和"倒角"命令的使用。

【思路分析】

在本任务中，读者需要完成大臂设计，首先，利用"六面体"命令绘制长方体，并绘制草图；其次，利用"拉伸"命令创建长方体上半部分，利用"圆柱体"命令创建圆柱孔；再次，利用"拉伸"命令创建长方体下半部分，并利用"孔"命令创建孔；最后，进行孔口倒角。

【操作步骤】

（1）新建文件。单击快速访问工具栏中的"新建"按钮 ，系统弹出"新建文件"对话框，选择"零件"选项，单击"确认"按钮，进入零件界面。

（2）绘制长方体。单击"造型"选项卡"基础造型"面板中的"六面体"按钮 ，系统弹出"六面体"对话框，选择"中心 "选项，以原点为中心绘制长、宽、高分别为"20mm""20mm""5mm"的长方体，如图 2-2 所示。

（3）绘制草图 1。单击"造型"选项卡"基础造型"面板中的"草图"按钮 ，系统弹出"草图"对话框，选择默认 CSYS_XZ 面作为基准面，绘制图 2-3 所示的草图 1。

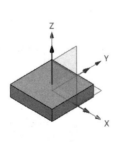

图 2-2　长方体

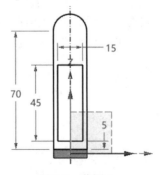

图 2-3　草图 1

（4）创建拉伸实体 1。单击"造型"选项卡"基础造型"面板中的"拉伸"按钮，系统弹出"拉伸"对话框，设置拉伸类型为"对称"，设置结束点 E 为"3mm"，设置布尔运算为"加运算"，如图 2-4 所示。单击"确定"按钮，结果如图 2-5 所示。

（5）创建圆柱孔。单击"造型"选项卡"基础造型"面板中的"圆柱体"按钮，系统弹出"圆柱体"对话框，捕捉图 2-6 所示的圆弧的圆心放置圆柱体，设置半径为"4mm"，长度为"6mm"，设置布尔运算为"减运算"，单击"反向"按钮，调整圆柱体的高度和方向，单击"确定"按钮，创建圆柱孔，如图 2-7 所示。

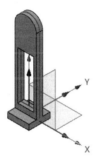
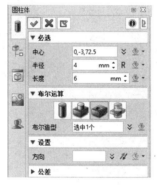
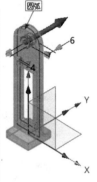

图 2-4　拉伸参数设置　　　图 2-5　拉伸实体 1　　　　图 2-6　捕捉圆心

（6）绘制草图 2。单击"造型"选项卡"基础造型"面板中的"草图"按钮，系统弹出"草图"对话框，选择默认 CSYS_XZ 面作为基准面，绘制图 2-8 所示的草图 2。

（7）创建拉伸实体 2。单击"造型"选项卡"基础造型"面板中的"拉伸"按钮，系统弹出"拉伸"对话框，设置拉伸类型为"对称"，设置结束点 E 为"6mm"，设置布尔运算为"加运算"，单击"确定"按钮，拉伸实体 2 如图 2-9 所示。

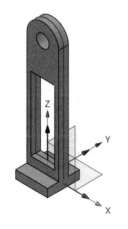
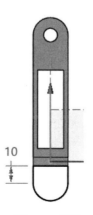
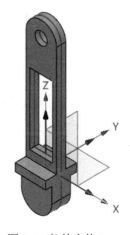

图 2-7　创建圆柱孔　　　　图 2-8　草图 2　　　　图 2-9　拉伸实体 2

（8）创建孔。单击"造型"选项卡"工程特征"面板中的"孔"按钮▇，系统弹出"孔"对话框，如图 2-10 所示，捕捉圆心放置圆柱体，设置直径为"12mm"，深度为"12mm"，设置布尔运算的操作为"移除"，单击"反向"按钮▨，调整圆柱体的高度和方向，单击"确定"按钮✔，创建孔如图 2-11 所示。

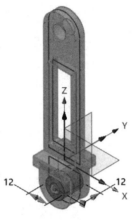

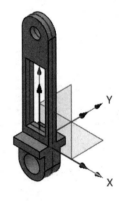

图 2-10　捕捉圆心　　　　　　　　　　　　图 2-11　创建孔

（9）创建圆角。单击"造型"选项卡"工程特征"面板中的"圆角"按钮▇，系统弹出"圆角"对话框，选择图 2-12 所示的边创建圆角，设置半径为"1mm"，单击"确定"按钮✔，创建圆角如图 2-13 所示。

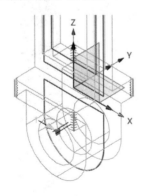

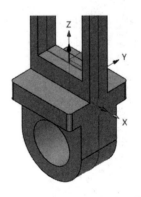

图 2-12　选择边创建圆角　　　　　　　　　图 2-13　创建圆角

（10）创建倒角。单击"造型"选项卡"工程特征"面板中的"倒角"按钮 🌑，系统弹出"倒角"对话框，选择图 2-14 所示的边创建倒角，设置半径为"1mm"，单击"确定"按钮 ✔，创建倒角如图 2-15 所示。

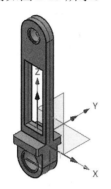
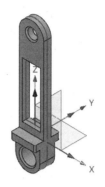

图 2-14　选择边创建倒角　　　　　　　图 2-15　创建倒角

【知识拓展】

一、六面体

快速创建一个六面体特征。

单击"造型"选项卡"基础造型"面板中的"六面体"按钮 🔳，系统弹出"六面体"对话框，如图 2-16 所示。该对话框中部分选项的含义如下。

1. 必选

（1）中心点 🔳：通过中心点和顶点创建六面体，操作示例如图 2-17（a）所示。

（2）角点 🔳：通过两个角点创建六面体，操作示例如图 2-17（b）所示。

（3）中心点-高度 🔳：通过中心点、顶点和高度创建六面体，操作示例如图 2-17（c）所示。

（4）角点-高度 🔳：通过两个角点和高度创建六面体，操作示例如图 2-17（d）所示。

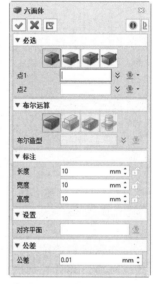

图 2-16　"六面体"对话框

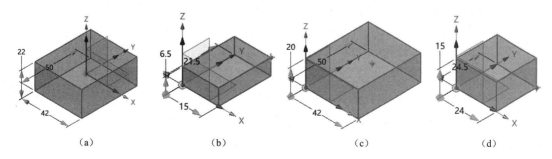

（a）　　　　　　　　（b）　　　　　　　　（c）　　　　　　　　（d）

图 2-17　六面体示例

（5）点 1：创建六面体的第一个点。在"中心点"方式中，第一个点为中心点。在"角点"方式中，第一个点是六面体的第一个角点。第一个角点处于固定状态。单击其后的"下拉"按钮 ⬇，打开位置输入选项下拉菜单，如图 2-18 所示。

（6）点 2：第二个角点。可在绘图区单击确定该点，也可在输入框中进行输入。

（7）高度：六面体的高度。当采用"中心点-高度 ⬛"和"角点-高度 ⬛"方式绘制六面体时才有该参数。单击其后的"下拉"按钮 ⬇，打开数值输入选项下拉菜单，如图 2-19 所示。

图 2-18　位置输入选项下拉菜单　　图 2-19　数值输入选项下拉菜单

2．布尔运算

布尔运算选项用于指定布尔运算和进行布尔运算的造型。除基体外，其他运算都将激活该选项，并且必须选择布尔造型。

（1）基体 ⬛：将创建一个独立的基体特征。基体特征用于定义一个零件的基本造型。

（2）加运算 ⬛：将创建一个实体，该实体随后被添加至布尔造型中。

（3）减运算 ⬛：将创建一个实体，该实体随后从布尔造型中被移除。

（4）交运算 ⬛：将创建一个实体，该实体随后与布尔造型求交。

（5）布尔造型：选择要进行布尔运算的实体。

3．标注

长度/宽度/高度：当指定六面体的第二个角点后，自动显示这些选项的值。可单独修改这些选项的值以改变六面体的造型。当造型被改变时，六面体的第一个角点仍保持不变。

4．设置

对齐平面：使用该选项使六面体和一个基准面或二维平面对齐。第一个角点将保持固定，将对齐六面体的默认 XY 平面。

二、圆柱体

创建一个圆柱体特征。

单击"造型"选项卡"基础造型"面板中的"圆柱体"按钮，系统弹出"圆柱体"对话框，如图 2-20 所示。该对话框中部分选项的含义如下。

（1）中心：指定圆柱体的中心点。

（2）半径/直径：设置圆柱体的半径/直径。单击其后的"半径"按钮R 或"直径"按钮 φ，进行半径和直径切换。单击其后的"下拉"按钮，在弹出的下拉菜单中可选择多种定义半径/直径的方式，可在文本框中输入一个值或直接输入一个现有变量名称或引用一个现有标注值或表达式。

（3）长度：圆柱体的高度。可在文本框中输入一个值或直接输入一个现有变量名称或引用一个现有标注值或表达式。

（4）方向：通过矢量方向控制圆柱体的定位。单击其后的"反向"按钮，使圆柱体方向反向。单击"下拉"按钮，系统弹出下拉菜单，可在菜单中选择参数定义圆柱体的方向，如图 2-21 所示。

图 2-22 所示为以六面体上表面中心点为中心绘制的半径为"10mm"高度为"20mm"的圆柱体示例。

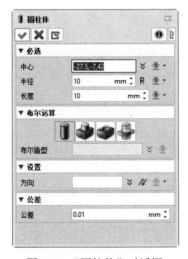  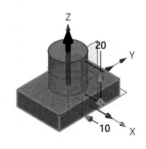

图 2-20　"圆柱体"对话框　　　图 2-21　定义方向下拉菜单　　　图 2-22　圆柱体示例

三、拉伸

将一个 2D 平面草图，按照给定的数值沿与平面垂直的方向拉伸一段距离而形成拉伸特征。

单击"造型"选项卡"基础造型"面板中的"拉伸"按钮，系统弹出"拉伸"对话框，如图 2-23 所示。该对话框中部分选项的含义如下。

（1）轮廓 P：定义要拉伸的草图轮廓。单击鼠标中键，系统弹出"草图"对话框，如图 2-24 所示，选择基准面绘制草图。

图 2-23 "拉伸"对话框

图 2-24 "草图"对话框

（2）拉伸类型：定义拉伸的方式。

1）1 边：拉伸的起始点默认为所选的轮廓位置，可以定义拉伸的结束点来确定拉伸的长度，操作示例如图 2-25（a）所示。

2）2 边：通过定义拉伸的开始点和结束点，确定拉伸的长度，操作示例如图 2-25（b）所示。

3）对称：与 1 边方式类似，但会沿反方向拉伸同样的长度，操作示例如图 2-25（c）所示。

4）总长对称：通过定义总长的方式进行对称拉伸，操作示例如图 2-25（d）所示。

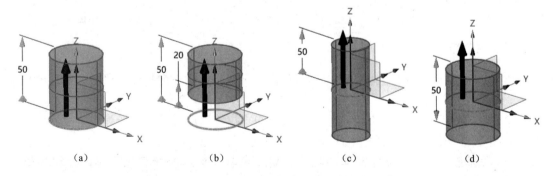

| （a） | （b） | （c） | （d） |

图 2-25 拉伸示例

（3）起始点 S、结束点 E：指定拉伸特征的开始和结束位置。单击其后的"下拉"按钮，在打开的下拉菜单中列出了输入选项，如图 2-26 所示。其中：

1）到面：拉伸特征到指定的面。特征轮廓拉伸到该面停止，如图 2-27（a）所示。

2）到延伸面：拉伸特征到指定面的延伸位置。特征轮廓拉伸到延伸面停止，如图 2-27（b）所示。

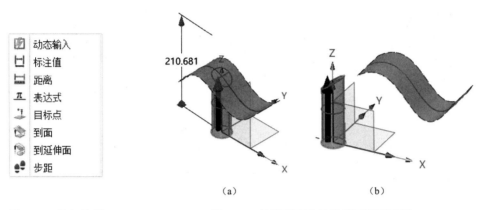

图 2-26　输入选项　　　　　　　　　　图 2-27　拉伸到面和拉伸到延伸面示例

（4）方向：指定拉伸方向。单击其后的"反向"按钮，可反向当前方向。单击其后的"下拉"按钮，可在弹出的方向输入选项中选择要拉伸的方向，如图 2-28 所示。

（5）拔模：勾选"拔模"复选框，激活该选项组。

1）拔模角度：设置所需的拔模角度，可接受正值和负值。一般地，正值会使特征沿拉伸的正方向增大。单击其后的"下拉"按钮，在弹出的下拉菜单中选择拔模角度的输入选项，如图 2-29 所示。

图 2-28　方向输入选项　　　　　　　图 2-29　拔模角度输入选项

2）桥接：选择拔模拐角条件。

① 变量：圆角半径跟随拔模角度变化，如图 2-30（a）所示。

② 常量：圆角半径不变，如图 2-30（b）所示。

③ 圆形：圆角半径跟随拔模角度变化且凸角自动倒圆角。当拔模角度为正时，圆形模式会对凸起来的尖角倒圆角；当拔模角度为负时，会对凹进去的尖角倒圆角，如图 2-30（c）所示。

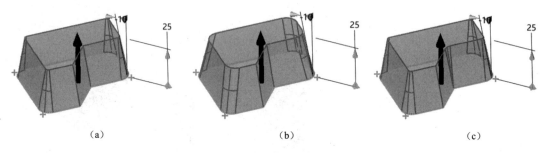

（a）   （b）   （c）

图 2-30　拔模操作示例

3）按拉伸方向拔模：勾选该复选框，则在拉伸方向应用拔模。否则，拔模将应用在轮廓或草图平面的法线方向。

（6）偏移：指定一个应用于曲线、曲线列表、开放或闭合的草图轮廓的偏移方法和距离。

1）无：不创建偏移，如图 2-31（a）所示。

2）收缩/扩张：通过收缩或扩张轮廓创建一个偏移。当输入"外部偏移"值为负值时，则向内部收缩轮廓；当输入"外部偏移"值为正值时，则向外部扩张轮廓，图 2-31（b）所示为"外部偏移"值为正值的实例。

规定：开放轮廓的凹的一侧定为内部，或封闭轮廓的内侧定为内部。

3）加厚：为轮廓创建一个由两个距离值决定的厚度。偏移 1 向外部偏移轮廓，偏移 2 向内部偏移轮廓。负值则往相反方向偏移轮廓，需要设置"外部偏移"值和"内部偏移"值，如图 2-31（c）所示。

4）均匀加厚：创建一个关于轮廓的均匀厚度。总厚度等于设置距离的两倍，需要设置"外部偏移"值，如图 2-31（d）所示。

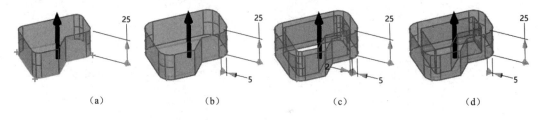

（a）   （b）   （c）   （d）

图 2-31　偏移操作示例

（7）转换：勾选该复选框，激活该选项组。在创建拉伸特征时，对其进行扭曲。

1）扭曲点：定义要扭曲的点。

2）扭曲角度：如果使用了扭曲点，则在此输入扭曲角度。这是拉伸特征从起始到结束将要扭曲的总角度。

（8）轮廓封口：对于基体操作，选择裁剪并封闭造型的面，轮廓必须闭合且与所选面相交。对于加运算操作，如果是闭合轮廓，则使用该选项裁剪并封闭造型；如果是开放轮廓，则指定造型的边界。系统提供了以下 4 个选项。

1）两端封闭 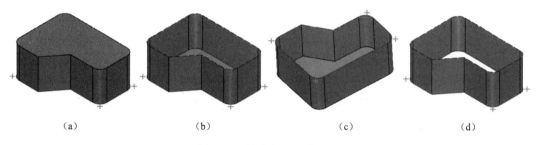：拉伸实体的两端封闭，如图 2-32（a）所示。

2）起始端封闭 ：拉伸实体的起始端封闭、结束端开放，如图 2-32（b）所示。

3）末端封闭 ：拉伸实体的起始端开放、结束端封闭，如图 2-32（c）所示。

4）开放 ：拉伸实体的两端开放，如图 2-32（d）所示。

（a）　　　　　　　　（b）　　　　　　　　（c）　　　　　　　　（d）

图 2-32　轮廓封口操作示例

四、孔

单击"造型"选项卡"工程特征"面板中的"孔"按钮 ，系统弹出"孔"对话框，如图 2-33 所示。

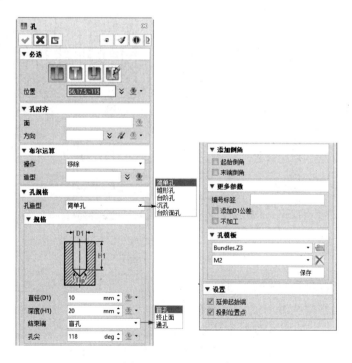

图 2-33　"孔"对话框

使用"孔"命令，可创建常规孔、间隙孔、螺纹孔和轮廓孔，这些孔可以有不同的结束端类型，包括：盲孔、终止面和通孔。下面以常规孔为例进行参数介绍。

（1）位置。选择孔位置，然后单击鼠标中键继续。可以创建多个孔，但是所有的孔被认为是一个有相同标注值的特征。

（2）孔对齐。

1）面：选择孔特征的基面，可以是面、基准面或者草图。孔的深度是从该基面开始计算的，孔轴将与该基面的法线方向对齐。如果基面是一个面，孔将位于该面上。如果没有选择放置面，则每个孔的位置将作为测量孔深度和孔方向的基面。

2）方向：选择孔的中心线方向。默认情况下，孔特征垂直于放置面。

（3）布尔运算。

1）操作：指定创建孔特征的布尔运算操作，有两种选择，分别为"移除"和"无"。选择"移除"选项，则激活下面的"造型"选项，选择要创建孔的造型；选择"无"选项，则创建独立的孔特征。

2）造型：指定要创建孔的造型。不指定则默认选择所有的造型。只有在操作选择移除之后，该选项才被激活。

（4）孔规格。

1）孔造型：当创建常规孔和螺纹孔时，该选项可设置孔类型为简单孔、锥形孔、台阶孔、沉孔和台阶面孔。当创建间隙孔时，该选项可设置孔类型为简单孔、台阶孔、沉孔、槽、锥孔槽和柱孔槽。系统将会显示一个孔类型的图片，并且将激活相应的输入字段。孔造型示意图如图 2-34 所示。

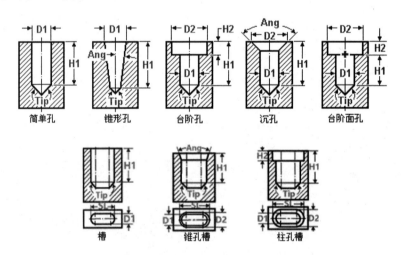

图 2-34　孔造型示意图

2）更多参数：提供编号标签、偏差等输入字段。

① 编号标签：指定孔编号文本字符串。

② 添加 D1 公差：勾选该复选框，则可使用公差属性。

③ 不加工：勾选该复选框，则标有此属性的孔在中望 3D CAM 中被忽略。

3）孔模板：提供孔模板，并查找孔模板中现有的孔特征属性，也可以保存新创建的孔特征到模板文件。

任务二 吹风机设计

【任务导入】

绘制图 2-35 所示的吹风机。

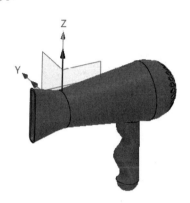

微课视频

图 2-35 吹风机

【学习目标】

（1）学习基准面的创建。

（2）掌握"旋转""放样"和"双轨放样"命令的使用。

（3）熟悉"修剪""加厚""布尔运算"命令的使用。

【思路分析】

在本任务中，读者需要绘制吹风机。首先，利用"旋转"命令创建旋转实体，利用"双轨放样"命令创建曲面并对其进行修剪，其次，利用"放样"命令创建放样曲面，再次，利用"拉伸"命令创建拉伸切除特征，最后，对曲面进行加厚和合并。

【操作步骤】

（1）新建文件。单击快速访问工具栏中的"新建"按钮，系统弹出"新建文件"对话框，选择"零件"选项，单击"确认"按钮，进入零件界面。

（2）绘制草图 1。单击"造型"选项卡"基础造型"面板中的"草图"按钮，系统弹出"草图"对话框，选择默认 CSYS_XY 面作为基准面，绘制图 2-36 所示的草图 1。

（3）创建旋转实体。单击"造型"选项卡"基础造型"面板中的"旋转"按钮，系统弹出"旋转"

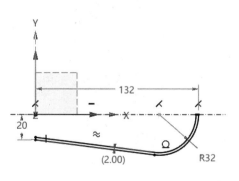

图 2-36 草图 1

对话框，选择草图 1，进行旋转，旋转参数设置如图 2-37 所示。单击"确定"按钮✔，旋转实体如图 2-38 所示。

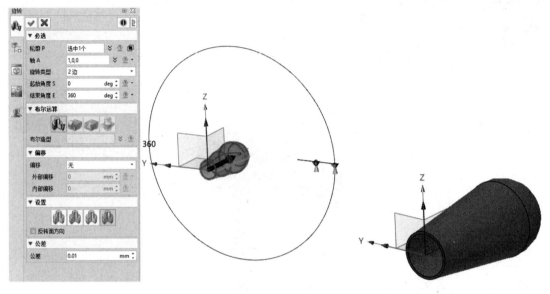

图 2-37　旋转参数设置　　　　　　　　　　　　　图 2-38　旋转实体

（4）创建平面 1。单击"造型"选项卡"基准面"面板中的"基准面"按钮，系统弹出"基准面"对话框，以默认 CSYS_XY 为参考基准面偏移"−100mm"，创建平面 1。

（5）绘制草图 2。单击"造型"选项卡"基础造型"面板中的"草图"按钮，系统弹出"草图"对话框，选择平面 1 作为草绘基准面，绘制图 2-39 所示的草图 2。

（6）绘制草图 3 和草图 4。单击"造型"选项卡"基础造型"面板中的"草图"按钮，系统弹出"草图"对话框，选择默认 CSYS_XZ 为基准面绘制草图 3 和草图 4，如图 2-40 和图 2-41 所示。

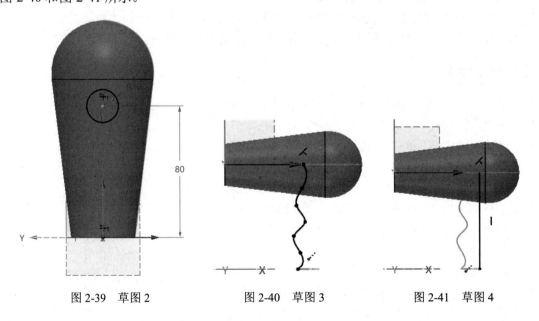

图 2-39　草图 2　　　　　　　　　图 2-40　草图 3　　　　　　　　　图 2-41　草图 4

（7）创建放样曲面。单击"造型"选项卡"基础造型"面板中的"双轨放样"按钮 ，系统弹出"双轨放样"对话框，参数设置如图 2-42 所示。单击"确定"按钮 ✔，双轨放样曲面如图 2-43 所示。

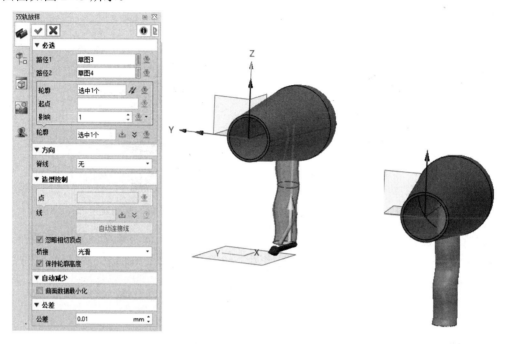

图 2-42　双轨放样参数设置　　　　　　　　图 2-43　双轨放样曲面

（8）修剪曲面。单击"造型"选项卡"编辑模型"面板中的"修剪"按钮 ，系统弹出"修剪"对话框，如图 2-44（a）所示，选择双轨放样曲面作为基体，选择旋转实体外表面作为修剪面，箭头方向如图 2-44（b）所示。单击"确定"按钮 ✔，修剪曲面结果如图 2-45 所示。

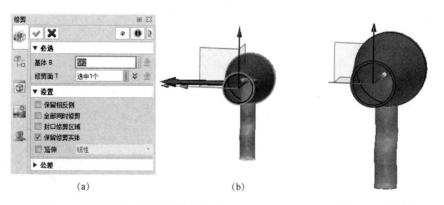

（a）　　　　　　　　　　（b）

图 2-44　"修剪"对话框与箭头方向　　　　图 2-45　修剪曲面结果

（9）绘制草图 5。单击"造型"选项卡"基础造型"面板中的"草图"按钮 ，系统弹出"草图"对话框，选择默认 CSYS_YZ 面为草绘基准面，绘制图 2-46 所示的草图 5。

（10）创建平面 2。单击"造型"选项卡"基准面"面板中的"基准面"按钮 ，系统弹出"基准面"对话框，以默认 CSYS_YZ 为参考基准面偏移"-35mm"创建平面 2。

（11）绘制草图 6。单击"造型"选项卡"基础造型"面板中的"草图"按钮，系统弹出"草图"对话框，选择平面 2 为草绘基准面，绘制草图 6，且将右侧的直线在中点处打断，如图 2-47 所示。

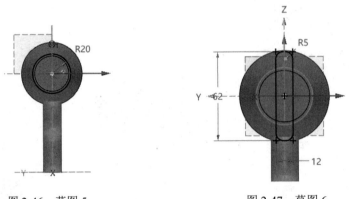

图 2-46　草图 5　　　　　　　　　图 2-47　草图 6

（12）创建放样曲面。单击"造型"选项卡"基础造型"面板中的"放样"按钮，系统弹出"放样"对话框，放样参数设置如图 2-48 所示。单击"确定"按钮，放样曲面如图 2-49 所示。

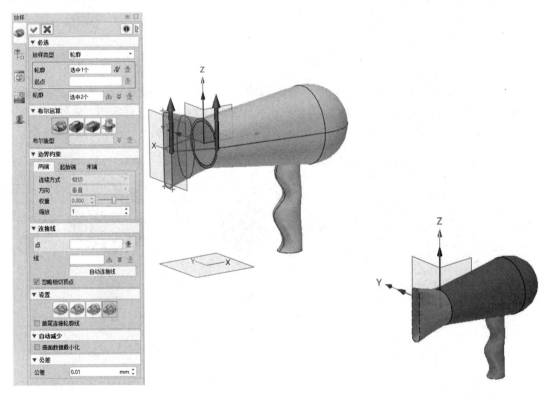

图 2-48　放样参数设置　　　　　　　　　图 2-49　放样曲面

（13）创建平面 3。单击"造型"选项卡"基准面"面板中的"基准面"按钮，系统弹出"基准面"对话框，以默认 CSYS_YZ 为参考基准面偏移"100mm"创建平面 3。

（14）绘制草图 7。单击"造型"选项卡"基础造型"面板中的"草图"按钮，系统弹出"草图"对话框，选择平面 3 为草绘基准面，绘制草图 7，如图 2-50 所示。

（15）创建拉伸实体。单击"造型"选项卡"基础造型"面板中的"拉伸"按钮，系统弹出"拉伸"对话框，拉伸参数设置如图 2-51 所示。拉伸结果如图 2-52 所示。

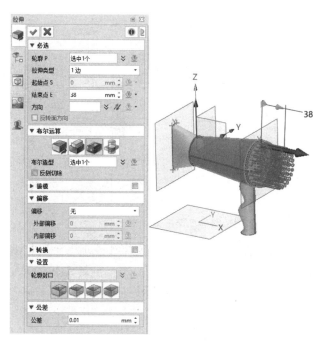

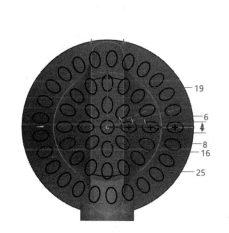

图 2-50　草图 7　　　　　　　　　　　　图 2-51　拉伸参数设置

（16）绘制草图 8。单击"造型"选项卡"基础造型"面板中的"草图"按钮，系统弹出"草图"对话框，选择平面 1 为草绘基准面，绘制草图 8，如图 2-53 所示。

（17）创建旋转曲面。单击"造型"选项卡"基础造型"面板中的"旋转"按钮，系统弹出"旋转"对话框，选择草图 9，旋转类型选择"2 边"，起始角度设置为"0deg"，创建旋转曲面，如图 2-54 所示。

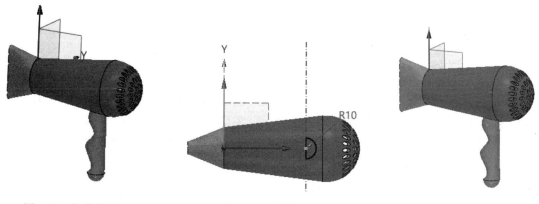

图 2-52　拉伸结果　　　　　　　图 2-53　草图 8　　　　　　　图 2-54　旋转曲面

（18）曲面加厚。单击"造型"选项卡"编辑模型"面板中的"加厚"按钮，系统弹出"加厚"对话框，选中"单侧"单选按钮，设置"偏移 1"为"−2 mm"，选择放样曲面进行加厚，加厚参数设置如图 2-55 所示。单击"确定"按钮✔，放样曲面加厚如图 2-56 所示。使用同样的方法将双轨放样曲面和旋转曲面进行加厚，结果如图 2-57 所示。

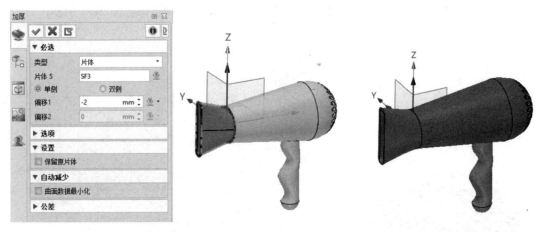

图 2-55　加厚参数设置　　　　　　　　　　　　　图 2-56　放样曲面加厚

（19）合并实体。单击"造型"选项卡"编辑模型"面板中的"添加实体"按钮，系统弹出"添加实体"对话框，选择旋转实体为基体，选择其他实体为要添加的实体，如图 2-58 所示。单击"确定"按钮✔，合并完成。

图 2-57　双轨放样曲面和旋转曲面加厚结果　　　　图 2-58　选择实体

【知识拓展】

一、基准特征

基准特征是零件建模的参照特征，其主要用途是辅助 3D 特征的创建，可作为特征截面绘制的参照面、模型定位的参照面和控制点、装配用参照面等。另外，基准特征（如坐标系）还可用于计算零件的质量属性，提供制造的操作路径等。基准特征通常是指基准面、基准轴、基准点和基准坐标系。

1. 基准面

基准面主要应用于零件图和装配图中。可以利用基准面来绘制草图，生成模型的剖视图，作为拔模特征中的中性面等。

中望 3D 系统提供了默认 CSYS_XY、默认 CSYS_XZ 和默认 CSYS_YZ 等 3 个默认相互垂直的基准面。通常情况下，用户在这 3 个基准面上绘制草图，然后使用特征命令创建实体模型即可绘制需要的图形。但是，对于一些特殊的特征，如扫掠特征和放样特征，需要在不同的基准面上绘制草图，才能完成模型的构建，这就需要创建新的基准面。

单击"造型/曲面/线框"选项卡"基准面"面板中的"基准面"按钮，或者选择菜单栏中的"插入"→"基准面"命令，系统弹出图 2-59 所示的"基准面"对话框。该对话框中提供了 7 种创建基准面的方法，下面进行详细介绍。

（1）几何体：通过选中的参考几何对象创建基准面，参考几何对象包括点、线、边、轴及面。

（2）偏移平面法：用户指定平面或基准面进行偏移来创建基准面。

（3）与平面成角度：用户指定参考平面、旋转轴以及旋转角度来创建与参考平面成一定角度的基准面。

（4）3 点平面：用户最多指定 3 个点来创建基准面，所创建的基准面的法向可沿默认的 3 个轴向。

（5）在曲线上：用户指定参考曲线/边来创建基准面，支持对曲线上位置的控制，包括百分比与距离两种方式。

（6）视图平面：通过指定一个原点创建一个与当前视图平行的基准面。

（7）动态：通过指定 1 个位置来创建一个基准面。

2．基准轴

基准轴包含一个方向、起点和长度。

单击"造型/曲面/线框"选项卡"基准面"面板中的"基准轴"按钮，或者选择菜单栏中的"插入"→"基准轴"命令，系统弹出图 2-60 所示的"基准轴"对话框。该对话框中提供了 7 种创建基准轴的方法。

图 2-59　"基准面"对话框

图 2-60　"基准轴"对话框

（1）几何体 ：选择最多两个参考对象来创建基准轴，参考对象包括点、线、边、轴、面等，如图 2-61（a）所示。勾选"长度"复选框，可设置基准轴长度，基准轴默认长度为整体包络框的长度。

（2）中心轴 ：选择一个面或一条曲线，系统会自动在该平面/曲线的中心插入一个基准轴，可设置基准轴的长度，如图 2-61（b）所示。

（3）两点 ：通过指定两个点来创建一个基准轴，如图 2-61（c）所示。

（4）点和方向 ：通过指定一个原点和方向来创建一个基准轴，基准轴可选择与该方向平行或垂直，如图 2-61（d）所示。

（5）相交面 ：通过选择两个面的相交线创建基准轴，可设置长度，如图 2-61（e）所示。

（6）角平分线 ：在两相交直线形成的角平分线或补角角平分线上创建一个基准轴，可设置基准轴的长度，如图 2-61（f）所示。

（7）在曲线上 ：通过指定曲线或边线创建与曲线或边线上的某点相切、垂直，或者与另一对象垂直或平行的基准轴，如图 2-61（g）所示。

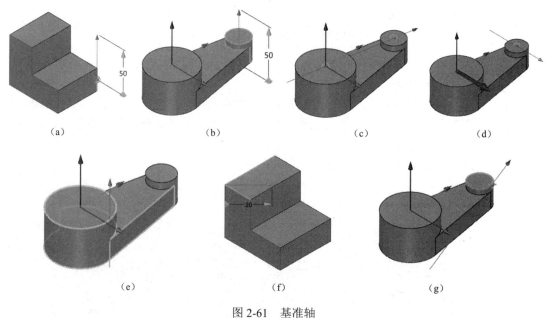

（a）　　　　　　　（b）　　　　　　　（c）　　　　　　　（d）

（e）　　　　　　　（f）　　　　　　　（g）

图 2-61　基准轴

3. 默认 CSYS

在中望 3D 中默认的基准是默认 CSYS，即默认坐标系，也是系统提供的世界坐标系，如图 2-62 所示。

在默认坐标系中显示的坐标轴可以在"视觉"管理器中进行打开/关闭，如图 2-63 所示。双击"视觉"管理器中的"中心点三重轴显示"，可打开/关闭绘图区中心点的坐标轴。双击"视觉"管理器中的"左下角三重轴显示"，可打开/关闭绘图区左下角的坐标轴。

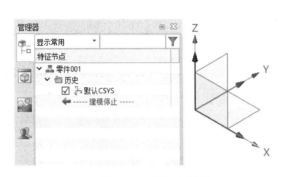

图 2-62　默认坐标系

图 2-63　"视觉"管理器

4. 基准 CSYS

插入一个新的基准坐标系，用户可以采用基准坐标系建立一个参考坐标系。基准 CSYS 由原点、X/Y/Z 3 个基准轴、3 个基准平面组成。原点类似于一般点实体，可作为点捕捉等参考；3 个基准轴可作为独立实体，可作为一般方向的参考使用；3 个基准面可作为一般的基准面使用；基准坐标系整体可作为独立的实体使用。

在绘图区域绘制 3 个基准轴、3 个基准面、1 个原点，并且标记各基准轴的名称（即 X、Y、Z）。在默认情况下，基准坐标系作为整体选择，默认颜色为棕色。

单击"造型/曲面/线框"选项卡"基准面"面板中的"基准 CSYS"按钮 ，或者选择菜单栏中的"插入"→"基准 CSYS"命令，系统弹出图 2-64 所示的"基准 CSYS"对话框。该对话框中提供了 7 种创建基准 CSYS 的方法，下面进行详细介绍。

（1）几何体 ：选择最多 3 个参考几何对象直接智能创建一个坐标系。可选择的参考几何对象包括点（顶点、草图点、线框点、3D 草图点）、方向（边、轴、草图线、线框）、面（平面、曲面）和坐标系（绝对坐标系、基准坐标系）。

若选择一条曲线或一条边，则不需要附加输入。基准坐标系将在选中点处与该曲线/边垂直。

若选择一个面，则不需要附加输入。基准坐标系将在选中点处与该面相切。

若选中其他基准坐标系，则选择该平面的原点或单击鼠标中键将其定位在选中基准坐标系的原点。图 2-65（a）所示为使用几何体法创建的基准 CSYS。

（2）3 点 ：通过指定 3 个点确定一个基准坐标系。选择一个点，确定基准坐标系的原点，再选择两个点，分别确定 X 轴和 Y 轴，如图 2-65（b）所示。

图 2-64　"基准 CSYS"对话框

（3）3 平面📐：通过指定 3 个平面确定一个基准坐标系，所选的 3 个平面需彼此相交，如图 2-65（c）所示。

（4）原点及两方向↖：通过指定原点及两个矢量（直线、边线、轴线）创建一个基准坐标系，如图 2-65（d）所示。

（5）平面、点及方向↖：通过指定以 Z 轴平面（可切换）为基础，指定点及方向投影为原点及 X 轴来创建一个基准坐标系，如图 2-65（e）所示。

（6）视图平面📏：通过指定一个原点创建一个与当前屏幕平行的基准坐标系，如图 2-65（f）所示。

（7）动态📐：通过指定一个位置创建一个基准坐标系，如图 2-65（g）所示。

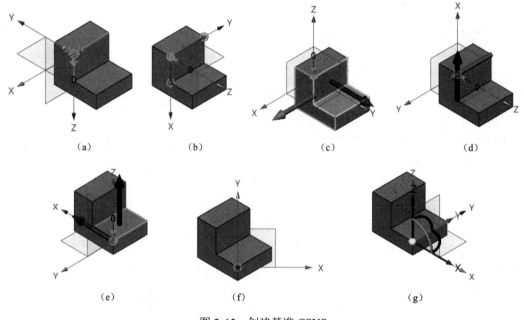

图 2-65　创建基准 CSYS

5．LCS（局部坐标系）

使用"LCS"命令，局部坐标系将作为激活坐标系。任何坐标输入，均将参考该局部坐标系，而非默认的全局坐标原点。

单击"造型/曲面/线框"选项卡"基准面"面板中的"LCS"按钮↖，或者选择菜单栏中的"插入"→"LCS"命令，系统弹出图 2-66 所示的"LCS"对话框。该对话框中提供了 3 种创建局部坐标系的方法，下面进行详细介绍。

（1）定位 LCS↖：以默认坐标系定义局部坐标系，如图 2-67（a）所示。右击局部坐标系，在弹出的快捷菜单中选择"恢复到默认坐标系"命令可回到默认坐标系。

（2）选择基准面🔲：选择一个基准面作为局部坐标系的 XY 平面，如图 2-67（b）所示。

（3）动态📐：通过输入原点位置以及 3 个坐标轴的方向来创建局部坐标系。通过这种方法创建坐标系，可以在视图区域拖动坐标原点以及调整坐标轴方向。动态创建是以当前位置定义局部坐标系，如图 2-67（c）所示。

图 2-66 "LCS"对话框

（a）

（b）

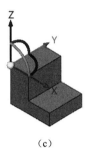

（c）

图 2-67 局部坐标系

> **注意**
>
> （1）局部坐标操作不会记录到激活零件的历史中。
>
> （2）采用选择基准面法创建局部坐标系时，如果在设置一个局部坐标系前，没有一个合适的基准面，那么在命令提示"选择基准面作为局部坐标系 XY 平面"时，单击"基准面"列表框后面的"下拉"按钮 ，在打开的下拉菜单中选择"插入基准面"命令。系统弹出"基准面"对话框，创建完基准面后，该基准面会自动成为局部坐标系。

二、旋转

旋转特征是由草图绕中心线旋转而形成的特征，该特征适合于构造回转体零件。对于闭合轮廓，旋转生成的是实体，对于开放轮廓，旋转生成的是曲面。

实体旋转特征的草图可以包含一个或多个闭环的非相交轮廓。对于包含多个轮廓的基体旋转特征，其中一个轮廓必须包含所有其他轮廓。如果草图包含一条以上的中心线，则选择一条中心线用作旋转轴。

旋转特征应用比较广泛，是比较常用的特征建模工具，主要应用在以下零件的建模中：环形零件，如图 2-68（a）所示；球形零件，如图 2-68（b）所示；轴类零件，如图 2-68（c）所示；形状规则的轮毂类零件，如图 2-68（d）所示。

单击"造型"选项卡"基础造型"面板中的"旋转"按钮 ，系统弹出"旋转"对话框，如图 2-69 所示。这里只对对话框中部分选项进行介绍，其他选项含义参照拉伸特征。

（1）轮廓 P：指定要旋转的轮廓。

（2）轴 A：指定旋转轴。可选择一条线，或单击其后的"下拉"按钮 ，在弹出的输入选项下拉菜单中选择。

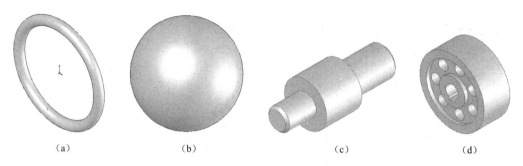

(a)   (b)   (c)   (d)

图 2-68 零件

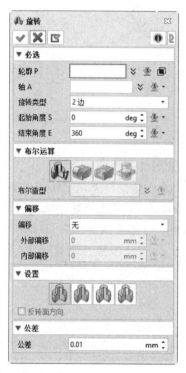

图 2-69 "旋转"对话框

（3）旋转类型：指定旋转的方法。

1）1 边：只能指定旋转的结束角度，如图 2-70（a）所示。

2）2 边：可以分别指定旋转的起始角度和结束角度，如图 2-70（b）所示。

3）对称：与 1 边类型相似，但在反方向也会旋转同样的角度，如图 2-70（c）所示。

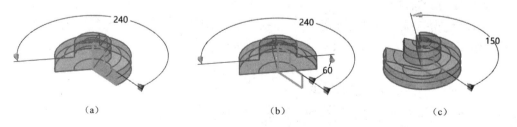

(a)   (b)   (c)

图 2-70 旋转类型示例

三、放样

放样是通过在轮廓之间进行过渡来生成特征。放样可以是基体、凸台、切除或曲面。

单击"造型"选项卡"基础造型"面板中的"放样"按钮 ，系统弹出"放样"对话框，如图 2-71 所示。下面对对话框中的部分选项进行介绍。

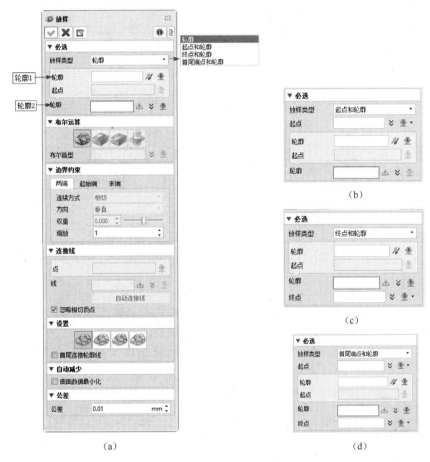

图 2-71 "放样"对话框

1. 必选

（1）放样类型。

1）轮廓：按照需要的放样顺序来选择轮廓，确保放样的箭头指向同一个方向。此时，"必选"选项组如图 2-71（a）所示。操作示例如图 2-72（a）所示。

2）起点和轮廓：选择放样的起点并按顺序选择要放样的轮廓。此时，"必选"选项组如图 2-71（b）所示。操作示例如图 2-72（b）所示。

3）终点和轮廓：按顺序选择要放样的轮廓并选择放样的终点。此时，"必选"选项组如图 2-71（c）所示。操作示例如图 2-72（c）所示。

4）首尾端点和轮廓：选择放样的起点和终点及要放样的轮廓。此时，"必选"选项组如图 2-71（d）所示。操作示例如图 2-72（d）所示。

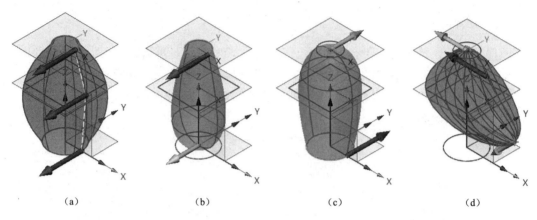

（a）　　　　　　　（b）　　　　　　　（c）　　　　　　　（d）

图2-72　放样类型操作示例

（2）轮廓：图2-71（a）所示的轮廓1，用于选择要放样的轮廓，可以是草图、曲线或边等。一个轮廓选择完成后，单击鼠标中键，继续选择下一个轮廓。

（3）起点：选择放样的起点。

（4）终点：选择放样的终点。

（5）轮廓：图2-71（a）所示的轮廓2，用于显示选中的轮廓数。

2. 边界约束

（1）"两端"选项卡。

1）连续方式：在放样的两端指定连续性级别，可供选择的选项有以下几个。

① 无：仅用于强制放样两端边线位置。操作示例如图2-73（a）所示。

② 相切：仅用于强制使放样曲面与两端边线的面相切。操作示例如图 2-73（b）所示。

③ 曲率：仅用于强制使放样曲面两端边线的面曲率连续。操作示例如图2-73（c）所示。

④ 流：仅用于强制使在放样与两端边线的面以 G3 曲率变化率连续。操作示例如图2-73（d）所示。

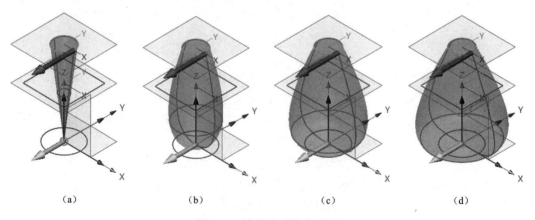

（a）　　　　　　　（b）　　　　　　　（c）　　　　　　　（d）

图2-73　连续方式操作示例

2）方向：定义放样在开始和结束轮廓采用的方向。默认情况下，方向垂直于轮廓平面。

3）权重：决定了强制相切影响的放样量（例如：放样回到它的正常曲率前有多长）。移动滑动条指定权重值。当权重滑动条移动时，放样结果的预览回应也在自动调整。

4）缩放：对使用权重滑动条的补充。仅当滑动条的极限位置在设计任务中不够时，才需使用。

（2）"起始端"和"末端"选项卡。

切换至"起始端"选项卡，如图 2-74 所示。"末端"选项卡参数与"起始端"选项卡参数相同。该选项卡中大多数参数可参照"两端"选项卡，下面仅对"侧面"参数进行介绍。

图 2-74　"起始端"选项卡

侧面：切换哪个面用于相切。如果上面的连续方式设置为无，当在边缘上只有单一的面时，该选项是灰色的。

3．连接线

"连接线"选项组包含了创建、编辑与删除连接线和顶点相切的选项。连接线用于在放样造型命令中匹配轮廓。需要注意的是，如果从此命令中退出，所有已创建的连接线将被撤销。

（1）点：使用该选项选择两个点连接成线。

（2）线：使用该选项存储多个连接线。用户可在此处添加、修改或删除连接线。

（3）自动连接线：使用该选项创建一组默认连接线。该选项与放样回应一起，可让用户预览在标准放样命令执行时轮廓如何相互匹配（无连接线情况下）。有时这样的预览会提醒用户，放样在尝试匹配轮廓时遇到的问题。

（4）忽略相切顶点：如果不想要在草图轮廓上使用顶点相切，则勾选此复选框。

四、双轨放样

使用"双轨放样"命令，在两条曲线路径（轨迹）之间创建穿过一条或多条截面曲线的双轨放样面。

单击"造型"选项卡"基础造型"面板中的"双轨放样"按钮，系统弹出"双轨放样"对话框，如图 2-75 所示。下面对该对话框中部分选项进行介绍。

（1）路径 1/路径 2：选择第一条和第二条路径，可使用线框曲线、面边界、草图、曲线列表或分型线。

（2）轮廓：图 2-75 所示的轮廓 1，用于选择一个及以上截面轮廓，然后单击鼠标中键继续，支持线框曲线、面边界、草图和分型线。

（3）起点：选择放样的起点。

（4）影响：决定轮廓对其周围的相对影响的因素。默认所有轮廓都有影响 1。若影响设为 2，则该轮廓的影响能力是其相邻轮廓的 2 倍。这大意为：轮廓间距中间位置的截面，2/3 为一个轮廓，1/3 为其他轮廓。

（5）轮廓：图 2-75 所示的轮廓 2，用于存储多个轮廓，单击"插入"按钮进行添加。用户可在此处添加、修改或删除轮廓。

（6）脊线：用该选项控制放样时的 Z 轴方向。以下选项可供选择。

1）无：不使用轴曲线。放样将持续到两条驱动曲线的端点。

2）正常：如果所有轮廓在平行平面内，将使用一条直线；否则，一条垂直于每一个轮廓平面并穿过轮廓形心的简单脊线将被采用。无额外必选输入。

3）脊线：Z 轴与脊曲线保持相切。脊曲线可以是任何现有的曲线或面边线。

4）平行：Z 轴与现有平面保持垂直。保证轮廓平面与现有平面保持平行。

图 2-76 所示为双轨放样操作示例。

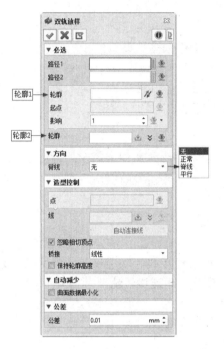

图 2-75　"双轨放样"对话框

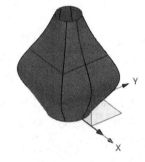

图 2-76　双轨放样操作示例

五、加厚

使用"加厚"命令将一个开放造型（非实体），通过曲面偏置以及创建侧面，生成实体。该命令将参照偏置曲面的法向，创建有厚度实体，并允许用户创建不同厚度的结构。

单击"造型"选项卡"编辑模型"面板中的"加厚"按钮，系统弹出"加厚"对话框，如图 2-77 所示。该对话框中部分选项含义如下。

1．必选

（1）类型：设置选取对象的方式，有片体和面两种方式。

（2）片体 S：指定要加厚的造型。

（3）单侧/双侧：选择单向加厚或双向加厚。输入偏移值，设定加厚的距离。正值表示沿面的正法向偏置；负值表示沿面的负法向偏置。当选择"单侧"单选按钮时，偏移值不可为零；当选择"双侧"单选按钮时，两个偏移值不能相同，即厚度不可为零。

2．选项

（1）面 F：指定要额外偏置的曲面。

（2）单侧/双侧：指定非统一偏置的距离。正值表示沿面的正法向偏置，负值表示沿面的负法向偏置。

加厚操作示例如图 2-78 所示。

图 2-77 "加厚"对话框

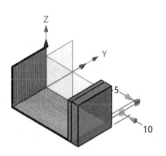

图 2-78 加厚操作示例

六、布尔运算

中望 3D 系统提供了 3 种布尔运算：添加实体、移除实体和相交实体。

1. 添加实体

使用"添加实体"命令，添加一个或多个造型到基体造型上。可以保留运算造型，或选择任意边界面来限定运算范围。

单击"造型"选项卡"编辑模型"面板中的"添加实体"按钮 ，系统弹出"添加实体"对话框，如图 2-79 所示。该对话框中部分选项含义如下。

（1）基体：基体造型是在其上进行运算的造型，在命令执行结束之后依然存在。

（2）添加：添加造型是添加到基体造型上的造型。如果没有勾选"保留添加实体"复选框，在命令执行结束后该造型会被删除。

（3）边界：选择任意边界面。添加造型必须与基体相交。边界面将修剪添加造型。添加造型既可以是开放造型也可以是闭合造型。

（4）保留添加实体：勾选该复选框，可以保留添加的造型。

添加实体操作示例如图 2-80 所示。

2. 移除实体

使用"移除实体"命令，可以从基体造型上移除一个或多个运算造型。可以保留运算造型，或选择任意边界面来限定运算范围。

图 2-79 "添加实体"对话框

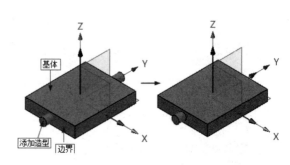

图 2-80 添加实体操作示例

单击"造型"选项卡"编辑模型"面板中的"移除实体"按钮，系统弹出"移除实体"对话框，如图 2-81 所示。该对话框中各选项的含义可参照"添加实体"对话框中各选项的含义。移除实体操作示例如图 2-82 所示。

图 2-81 "移除实体"对话框

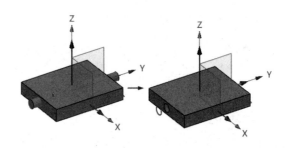

图 2-82 移除实体操作示例

3. 相交实体

单击"造型"选项卡"编辑模型"面板中的"相交实体"按钮，系统弹出"相交实体"对话框，如图 2-83 所示。该对话框中各选项含义可参照"添加实体"对话框中各选项的含义。相交实体操作示例如图 2-84 所示。

图 2-83 "相交实体"对话框

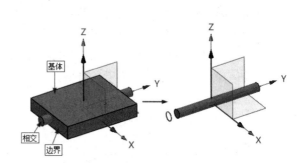

图 2-84 相交实体操作示例

任务三　微波炉饭盒设计

【任务导入】

绘制图 2-85 所示的微波炉饭盒。

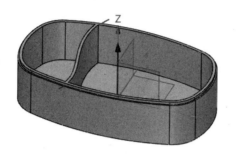

微课视频

图 2-85　微波炉饭盒

【学习目标】

（1）学习"拔模""抽壳"命令的使用。

（2）掌握"简化""面偏移"和"唇缘"命令的使用。

【思路分析】

在本任务中，读者需要绘制微波炉饭盒。首先，使用"拉伸"命令创建拉伸实体，并对拉伸实体进行拔模、圆角和抽壳，其次，利用"拉伸"命令创建隔板，再次，利用"简化"命令进行简化，最后，进行面偏移并创建唇缘。

【操作步骤】

（1）新建文件。单击快速访问工具栏中的"新建"按钮，系统弹出"新建文件"对话框，选择"零件"选项，单击"确认"按钮，进入零件界面。

（2）绘制草图 1。单击"造型"选项卡"基础造型"面板中的"草图"按钮，选择默认 CSYS_XY 面作为草绘平面，单击"草图"选项卡"子草图"面板中的"4 切弧槽"按钮，将其插入原点，如图 2-86 所示。

（3）创建拉伸实体 1。单击"造型"选项卡"基础造型"面板中的"拉伸"按钮，选择草图 1 进行拉伸，拉伸高度为 30mm，结果如图 2-87 所示。

（4）创建拔模。单击"造型"选项卡"工程特征"面板中的"拔模"按钮，系统弹出"拔模"对话框，选择"面"选项，选择"固定对称"类型，选择顶面为固定面，角度设置为"10deg"，拔模参数设置如图 2-88 所示。选择 4 个侧面为拔模面，单击"确定"按钮，拔模结果如图 2-89 所示。

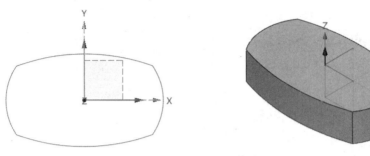

图 2-86　草图 1　　　　　　　　　　　图 2-87　拉伸实体 1

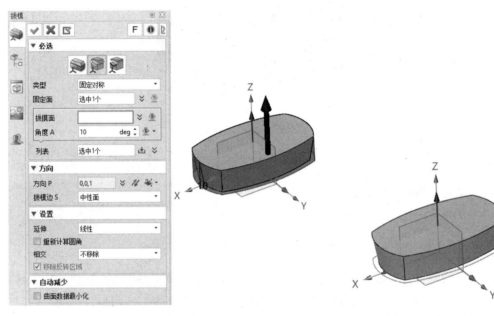

图 2-88　拔模参数设置　　　　　　　　　图 2-89　拔模结果

（5）创建圆角。单击"造型"选项卡"工程特征"面板中的"圆角"按钮 ，系统弹出"圆角"对话框，设置半径为"20mm"，选择图 2-90 所示的边创建圆角，单击"确定"按钮 ，圆角结果如图 2-91 所示。

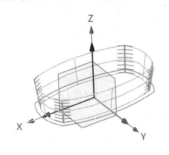　　　　　　　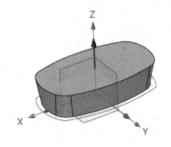

图 2-90　选择边并创建圆角　　　　　　　图 2-91　圆角结果

（6）创建抽壳。单击"造型"选项卡"编辑模型"面板中的"抽壳"按钮 ，系统弹出"抽壳"对话框，选择实体造型，设置"厚度 T"为"3mm"，选择顶面为"开放面 O"，抽壳参数设置如图 2-92 所示。单击"确定"按钮 ，抽壳结果如图 2-93 所示。

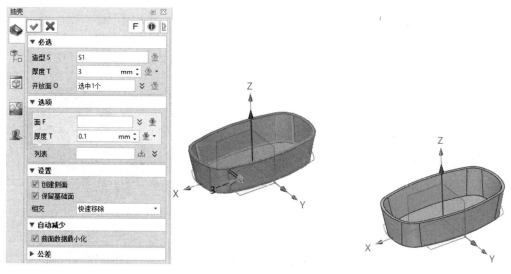

图 2-92　抽壳参数设置　　　　　　　　图 2-93　抽壳结果

（7）绘制草图 2。单击"造型"选项卡"基础造型"面板中的"草图"按钮，选择实体的顶面作为草绘平面，绘制草图 2，如图 2-94 所示。

（8）创建拉伸实体 2。单击"造型"选项卡"基础造型"面板中的"拉伸"按钮，选择草图 2 进行拉伸，拉伸高度为"到面"，选择图 2-95 所示的底面，设置偏移为"加厚"，外部偏移设置为"1mm"，内部偏移设置为"1mm"，拉伸参数设置如图 2-96 所示。单击"确定"按钮，拉伸实体 2 如图 2-97 所示。

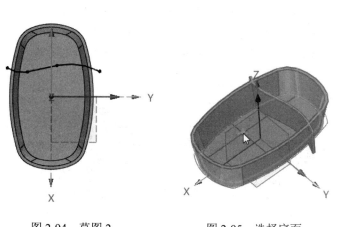

图 2-94　草图 2　　　　　图 2-95　选择底面　　　　　图 2-96　拉伸参数设置

（9）简化实体。单击"造型"选项卡"编辑模型"面板中的"简化"按钮，系统弹出"简化"对话框，选择图 2-98 所示的拉伸实体两侧多余部分进行简化，单击"确定"按钮，简化实体结果如图 2-99 所示。

图 2-97　拉伸实体 2

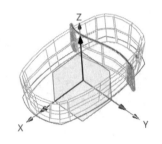

图 2-98　选择简化部分

图 2-99　简化实体结果

（10）面偏移。单击"造型"选项卡"编辑模型"面板中的"面偏移"按钮，系统弹出"面偏移"对话框，如图 2-100 所示，选择需要偏移的面，设置"偏移 T"为"2mm"。单击"确定"按钮，面偏移结果如图 2-101 所示。

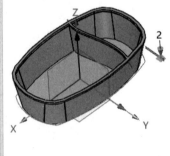

图 2-100　面偏移参数设置

图 2-101　面偏移结果

（11）创建唇缘。单击"造型"选项卡"工程特征"面板中的"唇缘"按钮，系统弹出"唇缘"对话框，选择实体顶面外边线，然后拾取外表面，设置"偏距 1 D1"为"−1mm"，设置"偏距 2 D2"为"−2mm"，如图 2-102 所示。单击"确定"按钮，唇缘结果如图 2-103 所示。

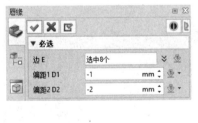

图 2-102　唇缘参数设置

图 2-103　唇缘结果

【知识拓展】

一、拔模

"拔模"命令用于为所选实体创建一个拔模特征。

单击"造型"选项卡"工程特征"面板中的"拔模"按钮，系统弹出"拔模"对话框，如图2-104所示。该对话框中提供了3种创建拔模的方法，含义如下。

（1）边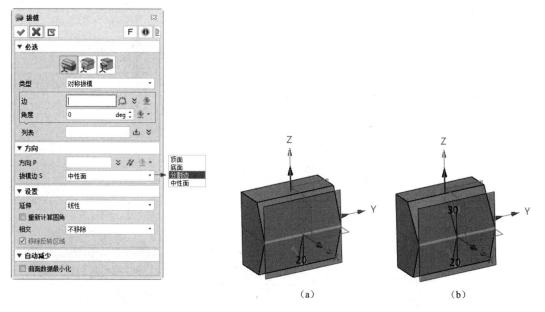：可以选择分型线、基准面、边或面等实体进行拔模。

单击"边"按钮，如图2-104所示。

1）类型：选择拔模类型。

① 对称拔模：设定的两个拔模面使用同一个拔模角度，如图2-105（a）所示。

② 非对称拔模：设定的两个拔模面分别使用设定的拔模角度，如图2-105（b）所示。

2）边：选择要进行拔模的边。

3）角度：设置拔模角度。

4）方向P：选择拔模方向。如果要浇铸零件，则拔模方向应该是零件从模具中抽取的方向。如果没有设置拔模方向，且选择的第一个固定面是平面，则默认的拔模方向是平面法向，否则默认方向是局部坐标系的Z轴。

图2-104　"拔模"对话框

图2-105　拔模类型操作示例

5）拔模边S：设置拔模方式。

① 顶面：只对顶部一侧拔模，如图2-106（a）所示。

② 底面：只对底部一侧拔模，如图2-106（b）所示。

③ 分割边：将所选面分割，并在顶侧和底侧都拔模，如图2-106（c）所示。

④ 中性面：对整个面进行拔模，拔模平面以中间分型线、平面或边缘为轴转动，如图2-106（d）所示。

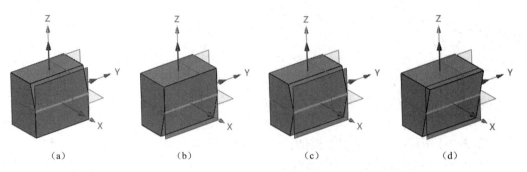

| (a) | (b) | (c) | (d) |

图 2-106　拔模方式操作示例

6）延伸：控制拔模面的路径。以下选项可供选择：线性、圆形、反射和曲率递减。

7）重新计算圆角：勾选该复选框，则会搜索并删除与拔模面相邻（并相切）的所有圆角面，然后开始拔模，封闭缝隙并尝试重新计算圆角。

8）相交：移除全部或不移除由于拔模而产生的相交曲面。

（2）面：选择分型面进行拔模。

单击"面"按钮，如图 2-107 所示。

1）类型：选择拔模类型。

① 固定对称：选择固定面，设置两个拔模面使用同一个拔模角度，如图 2-108（a）所示。

② 固定非对称：选择固定面，设置两个拔模面分别使用设定的拔模角度，如图 2-108（b）所示。

③ 固定和分型：选择固定面和分型面进行拔模，如图 2-108（c）所示。

2）固定面：选择固定面。

3）分型面：当拔模类型为"固定和分型"时，选择分型面。

图 2-107　单击"面"按钮

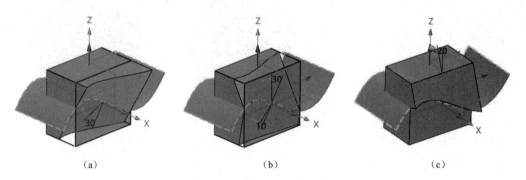

| (a) | (b) | (c) |

图 2-108　拔模类型操作示例

（3）分型边：选择分型边进行拔模。

单击"分型边"按钮，如图 2-109 所示。

1）固定平面：选择拔模固定面。

2）边：选择分型边。

分型边拔模操作示例如图 2-110 所示。

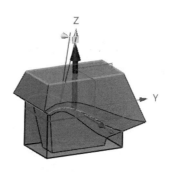

图 2-109 单击"分型边"按钮　　　　图 2-110 分型边拔模操作示例

二、抽壳

使用"抽壳"命令从造型中创建一个抽壳特征。

单击"造型"选项卡"编辑模型"面板中的"抽壳"按钮 ，系统弹出"抽壳"对话框，如图 2-111 所示。该对话框中部分选项的含义如下。

（1）造型 S：选择要抽壳的造型。

（2）厚度 T：指定壳体的厚度。正值表示加厚方向向外偏移，负值表示向内偏移。

（3）开放面 O：选择需要删除的面。可单击鼠标中键跳过该选项。

（4）面 F：选择面，该面设置不同的抽壳厚度。

抽壳操作示例如图 2-112 所示。

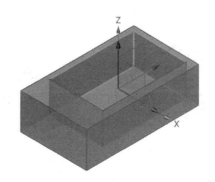

图 2-111 "抽壳"对话框　　　　图 2-112 抽壳操作示例

三、面偏移

使用"面偏移"命令来偏移一个或多个外壳面。壳体可以是一个开放或封闭的实体。

单击"造型"选项卡"编辑模型"面板中的"面偏移"按钮，系统弹出"面偏移"对话框。该对话框中提供了两种创建面偏移的方法，含义如下。

（1）如图 2-113（a）所示，单击"常量"按钮，所选面将偏移相同的距离，操作示例如图 2-114（a）所示。

1）面 F：选择要偏移的面。

2）偏移 T：指定偏移距离。负值表示向内部偏移，正值表示向外部偏移。

3）侧面：用于重新连接偏移面和原实体。有下列选项可供选择：创建、不创建和强制创建。

（2）如图 2-113（b）所示，单击"变量"按钮，所选面将偏移不同的距离，操作示例如图 2-114（b）所示。

列表：显示各面的偏移距离。双击可进行修改。指定偏移面和偏移距离后，单击鼠标中键，偏移面和偏移距离会作为一条记录加入列表中。双击列表中的记录，会将该记录的值填充到对应的字段再重新编辑，如图 2-114（c）所示，可选择不同的偏移面并设置不同的偏移距离。

（a）

（b）

图 2-113　"面偏移"对话框

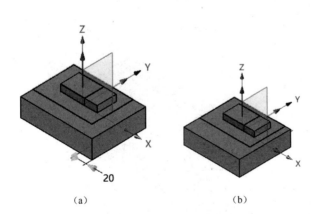
（a）　　　　　　　　（b）

（c）

图 2-114　面偏移操作示例与"面偏移"对话框的列表

四、简化

"简化"命令通过删除所选面来简化某个零件。这个命令会试图延伸和重新连接面来闭合零件中的间隙。如果不能合理闭合这个零件，则系统会反馈一个错误消息。选择要删除的面，然后单击鼠标中键进行删除。

单击"造型"选项卡"编辑模型"面板中的"简化"按钮🔲，系统弹出"简化"对话框，如图 2-115 所示。该对话框中部分选项的含义如下。

实体：选择要移除的特征、面和要填充的间隙边。

简化操作示例如图 2-116 所示。

图 2-115　"简化"对话框

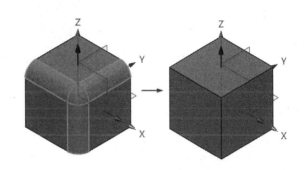

图 2-116　简化操作示例

五、唇缘

使用"唇缘"命令，基于两个偏移距离沿着所选边新建一个常量唇缘特征。在此命令中，选中一个边后，用户需要定义偏移值的起始面。

单击"造型"选项卡"工程特征"面板中的"唇缘"按钮🔲，系统弹出"唇缘"对话框，如图 2-117 所示。该对话框中各选项的含义如下。

（1）边 E：选择应用唇缘特征的边。然后选择起始偏移面。

（2）偏距 1 D1：指定边与起始偏移面的偏移距离。

（3）偏距 2 D2：指定唇缘的深度值。

唇缘操作示例如图 2-118 所示。

图 2-117　"唇缘"对话框

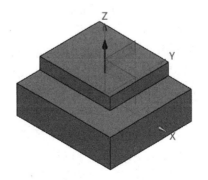

图 2-118　唇缘操作示例

任务四　齿轮设计

【任务导入】

绘制图 2-119 所示的齿轮。

图 2-119　齿轮

微课视频

【学习目标】

（1）学习圆柱齿轮的创建。

（2）掌握"阵列"和"镜像"命令的使用。

【思路分析】

在本任务中，读者需要绘制齿轮。首先，通过"圆柱齿轮"命令创建圆柱齿轮；其次，利用"拉伸""拔模"等命令对齿轮进行编辑；再次，利用"镜像"命令镜像几何体；最后，创建孔并进行阵列。

【操作步骤】

（1）新建文件。单击快速访问工具栏中的"新建"按钮，系统弹出"新建文件"对话框，选择"零件"选项，单击"确认"按钮，进入零件界面。

（2）创建齿轮。单击"工具"选项卡"库"面板中的"圆柱齿轮"按钮，系统弹出"圆柱齿轮"对话框，如图 2-120 所示，选择"外啮合齿轮机构"选项，选择原点为插入点，设置方向为 Y 轴（0,1,0），模数设置为"2.5mm"，压力角为"20deg"，勾选"创建齿轮 1"复选框，设置齿数为"36"，齿面宽为"13mm"。单击"确定"按钮，齿轮如图 2-121 所示。

（3）绘制草图 1。单击"造型"选项卡"基础造型"面板中的"草图"按钮，系统弹出"草图"对话框，选择圆柱的端面为草绘基准面，绘制草图 1，如图 2-122 所示。

（4）创建拉伸切除 1。单击"造型"选项卡"基础造型"面板中的"拉伸"按钮，系统弹出"拉伸"对话框，选择草图 1，拉伸类型选择"1 边"，结束点设置为"25mm"，布尔运算选择"减运算"，布尔造型选择齿轮实体，如图 2-123 所示。

（5）绘制草图 2。单击"造型"选项卡"基础造型"面板中的"草图"按钮，系统弹出"草图"对话框，选择圆柱的端面为草绘基准面，绘制草图 2，如图 2-124 所示。

图 2-120　设置齿轮参数

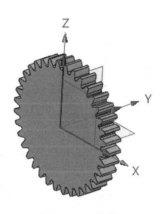

图 2-121　齿轮

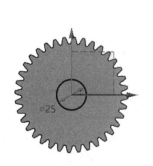

图 2-122　草图 1

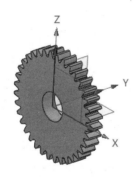

图 2-123　拉伸切除 1

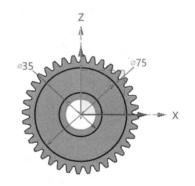

图 2-124　草图 2

（6）创建拉伸切除 2。单击"造型"选项卡"基础造型"面板中的"拉伸"按钮，系统弹出"拉伸"对话框，选择草图 2，拉伸类型选择"1 边"，结束点设置为"5mm"，布尔运算选择"减运算"，布尔造型选择齿轮实体，如图 2-125 所示。

（7）偏移面。单击"造型"选项卡"编辑模型"面板中的"面偏移"按钮，系统弹出"面偏移"对话框，选择图 2-125 所示的面进行偏移，距离设置为"4mm"。偏移面结果如图 2-126 所示。

（8）创建拔模。单击"造型"选项卡"工程特征"面板中的"拔模"按钮，系统弹出"拔模"对话框，如图 2-127（a）所示，选择图 2-127（b）所示的边进行拔模，角度设置为"10deg"，"方向 P"设置为"0, 1, 0"，单击"确定"按钮，拔模结果如图 2-128 所示。

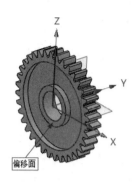

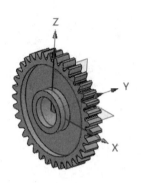

图 2-125　拉伸切除 2　　　　　　图 2-126　偏移面结果

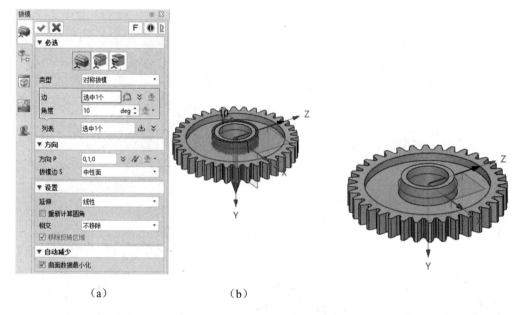

（a）　　　　　　　　（b）

图 2-127　拔模参数设置　　　　　　　　　　图 2-128　拔模结果

（9）镜像几何体。单击造型"选项卡"基础编辑"面板中的"镜像几何体"按钮，系统弹出"镜像几何体"对话框，选择所有实体作为要镜像的实体，选择图 2-129 所示的面作为镜像平面，参数设置如图 2-130 所示。单击"确定"按钮，镜像结果如图 2-131 所示。

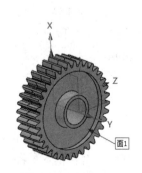

图 2-129　选择镜像平面　　　　图 2-130　参数设置　　　　图 2-131　镜像结果

（10）绘制草图3。单击"造型"选项卡"基础造型"面板中的"草图"按钮，系统弹出"草图"对话框，选择图2-131所示的面1为草绘基准面，绘制草图3，如图2-132所示。

（11）创建孔。单击"造型"选项卡"工程特征"面板中的"孔"按钮，系统弹出"孔"对话框，选择图 2-132 中的点放置孔，直径设置为"10mm"，结束端设置为"通孔"，创建孔的结果如图2-133所示。

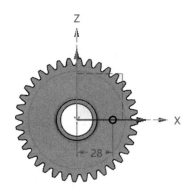

图 2-132　草图 3

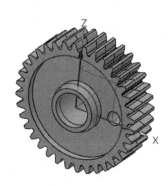

图 2-133　创建孔的结果

（12）阵列孔。在"历史管理"管理器中选中"孔"特征，单击"造型"选项卡"基础编辑"面板中的"阵列特征"按钮，系统弹出"阵列特征"对话框，选择"圆形"选项，设置方向为Y轴，数目设置为"6"，角度为"60deg"，参数设置如图2-134所示。单击"确定"按钮，阵列孔结果如图2-135所示。

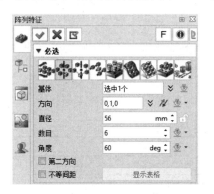

图 2-134　参数设置

图 2-135　阵列孔结果

【知识拓展】

一、圆柱齿轮

圆柱齿轮作为机械齿轮中一种重要的齿轮类型，是最为普遍的一种齿轮样式。

单击"工具"选项卡"库"面板中的"圆柱齿轮"按钮，系统弹出"圆柱齿轮"对话框，如图 2-136 所示。该对话框中提供了"外啮合齿轮机构""内啮合齿轮机构"和"齿轮与齿条机构"的创建方法。

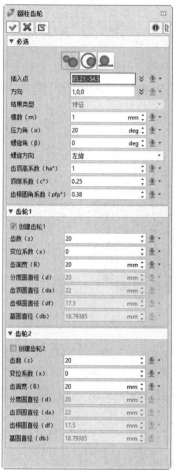

图 2-136　"圆柱齿轮"对话框

（1）圆柱齿轮的基本参数，如表 2-1 所示。

表 2-1　圆柱齿轮的基本参数

参　数	含　义
插入点	定义齿轮的放置位置
方向	选择方向，方向为第一个齿轮的轴向
结果类型	选择"特征"类型，则两个齿轮是以特征的方式插入同一个零件中。在零件中记录一个特征，特征可重定义，编辑时弹出齿轮的参数设置界面，用于重定义齿轮。 选择"组件"类型，则两个齿轮分别生成一个虚拟组件，并把两个齿轮插入一个装配体中。在装配体中记录一个装配特征，齿轮装配特征可重定义，编辑时弹出齿轮参数设置界面，可用于重定义齿轮
模数（m）	用户输入 1～50（默认值为 1）
压力角（α）	用户输入 10～35（默认值为 20）
螺旋角（β）	用户输入 0～55（斜齿轮才需要设置螺旋角，直齿轮的默认值为 0）
螺旋方向	可选择"左旋"或"右旋"选项（斜齿轮才需要设置螺旋方向）
齿顶高系数（ha*）	用户输入（默认值为 1）

（续表）

参　　数	含　　义
顶隙系数（c*）	用户输入（默认值为 0.25）
齿根圆角系数（ρfp*）	用户输入（默认值为 0.38）

（2）外啮合齿轮机构-齿轮 1/齿轮 2 基本参数，如表 2-2 所示。

表 2-2 外啮合齿轮机构-齿轮 1/齿轮 2 基本参数

参　　数	含　　义
齿数（z）	用户输入（默认值为 20）
变位系数（x）	用户输入（变位齿轮才需要设置变位系数，标准齿轮的默认值为 0）
齿面宽（B）	用户输入（默认值为 20）
分度圆直径（d）	d=zm/cos β
齿顶圆直径（da）	da=m(z/cos β+2ha*+2x)
齿根圆直径（df）	df=m(z/cos β-2ha*−2c*+2x)
基圆直径（db）	db=dcos α=zmcos α/cos β

（3）内啮合齿轮机构-齿轮 1/齿轮 2 基本参数，如表 2-3 所示。

表 2-3 内啮合齿轮机构-齿轮 1/齿轮 2 基本参数

参　　数	含　　义
齿数（z）	用户输入（默认值 20）
变位系数（x）	用户输入（变位齿轮才需要设置变位系数，标准齿轮的默认值为 0）
齿面宽（B）	用户输入（默认值 20）
分度圆直径（d）	d=zm/cos β
齿顶圆直径（da）	da=d−2(ha*+x)m=m(z/cos β−2ha*−2x)
齿根圆直径（df）	df=d+2(ha*+c*−x)=m(z/cos β+2ha*+2c*+2x)
基圆直径（db）	db=d cosα=zmcos α/cos β

（4）齿轮与齿条机构-齿轮 1/齿轮 2 基本参数，如表 2-4 所示。

表 2-4 齿轮与齿条机构-齿轮 1/齿轮 2 基本参数

参　　数	含　　义
齿数（z）	用户输入（默认值为 20）
变位系数（x）	用户输入（变位齿轮才需要设置变位系数，标准齿轮的默认值为 0）
齿面宽（B）	用户输入（默认值为 20）
分度圆直径（d）	d=df+hf=A+(ha*+c*−x)m
齿顶高（ha）	ha=m
齿根高（hf）	hf=1.25m
齿顶圆直径（da）	da=A+ha+hf=A+(2ha*+c*)m
齿根圆直径（df）	df=A(齿条高度线为齿根线，也为齿高 0 刻度线)
基圆直径（db）	db=dcos α=zmcos α/cos β
齿条厚度（A）	用户输入（默认值为 50）
齿条长度（L）	L=πmz/cos β

圆柱齿轮啮合操作示例如图 2-137 所示。

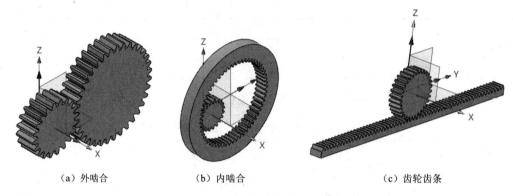

| （a）外啮合 | （b）内啮合 | （c）齿轮齿条 |

图 2-137　圆柱齿轮啮合操作示例

二、阵列几何体

使用"阵列几何体"命令，可对外形、面、曲线、点、文本、草图、基准面等任意组合进行阵列。

单击"造型"选项卡"基础编辑"面板中的"阵列几何体"按钮，系统弹出"阵列几何体"对话框，如图 2-138 所示。该对话框提供了 8 种不同类型的阵列方法，下面进行具体介绍。

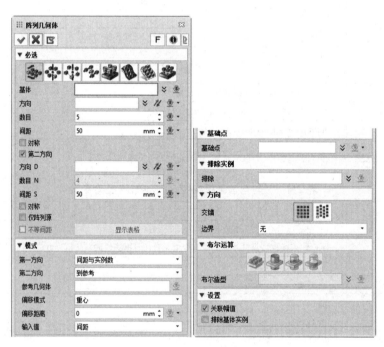

图 2-138　"阵列几何体"对话框

1．线性阵列

该方法可创建单个或多个对象的线性阵列。

单击"线性"按钮，对话框如图 2-138 所示。该对话框中部分选项的含义如下。

（1）基体：选择需阵列的基体对象或草图。选择基体时可将选择工具栏中的过滤器设置为“造型”。

（2）方向：为阵列选择第一线性方向或旋转轴。

（3）数目：输入沿每个方向阵列的实例的数目。

（4）间距：设置实例间距离值。

（5）对称：勾选该复选框，则在沿指定方向的反方向对称创建阵列对象。

（6）第二方向：为阵列选择第二线性方向。对于线性阵列，可选择平行于初始方向的相反方向作为第二线性方向。

（7）仅阵列源：勾选该复选框，则仅源对象在第二方向阵列，其他第一方向上的实例不进行阵列。

（8）不等间距：勾选该复选框，单击“显示表格”按钮，系统弹出“间距表格”对话框，如图 2-139 所示。双击间距值可进行修改。图 2-140 所示为不等间距操作示例。

间距表格
间距
间距 S
1 50 50
2 50 50
3 50 50
4 50
重置
确认
取消
应用

图 2-139 “间距表格”对话框

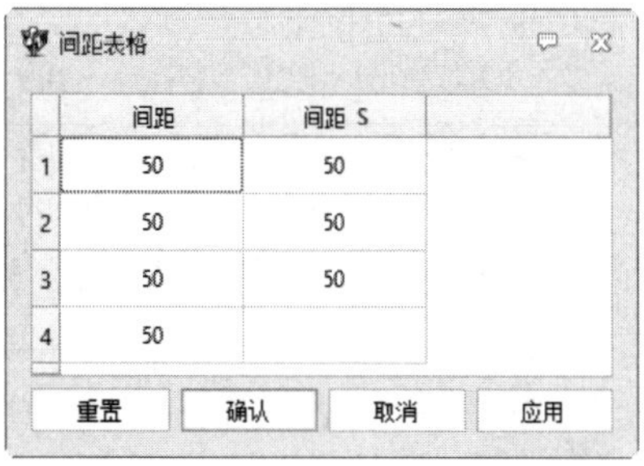

（9）第一/二方向：设置阵列模式。

1）间距与实例数：设置实例的间距和数目来创建阵列。

2）到参考：根据所选的参考几何体设置实例的间距和数目来创建阵列。

（10）参考几何体：可选择点、线、面作为参考几何体，所选择的参考几何体需要与阵列方向垂直。

（11）偏移模式：计算参考与阵列实例偏移距离的方式，可选择“重心”“边界框中心”或“所选参考”选项，来控制最后一个阵列实例到参考点的距离。

（12）偏移距离：输入与参考几何体的偏移距离值。通过输入正负值来反转阵列方向。

（13）输入值：设置该方向的偏移是按照“间距”还是“数目”进行。

（14）基础点：重新定义阵列放置位置，如图 2-141 所示。

80
70
60
50
60
70

图 2-140　不等间距操作示例

50
50

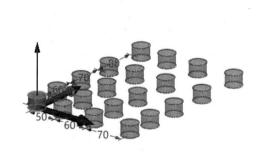

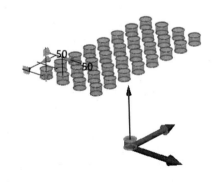

图 2-141　重新定义阵列放置位置

（15）排除：打开和关闭阵列内的实例。根据实例打开或关闭，回应模式将以一个红色的虚线框来显示实例。

（16）交错：选择是否创建交错阵列，包括“无交错”和“交错模式”两个选项。

（17）边界：定义填充区域边界。该选项定义的边界，将自动投影到线性、圆形、多边形阵列的阵列平面上，以对阵列实例进行限制。

（18）关联幅值：勾选此复选框，则阵列实体将会保持与原实体关联，并且可以重定义阵列特征。但如果取消勾选此项，新建的阵列实体作为静态几何体。它们是独立的且阵列特征不能被重定义。

2. 圆形阵列

该方法可创制单个或多个对象的圆形阵列。

单击"圆形"按钮 ❖，"阵列几何体-圆形阵列"对话框如图 2-142 所示。该对话框中部分选项的含义如下。

（1）直径：设置圆形阵列的直径。

（2）数目：设置圆形阵列的数量。

（3）角度：设置实例之间的夹角。

（4）派生：允许由中望 3D 指定"必选"选项组中的数目或角度。

1）无：使用输入的数目和角度。

2）间距：输入数目之后，中望 3D 将生成所需的角度。

3）数量：输入角度之后，中望 3D 将生成所需的数目。

（5）最小值（%）：此选项将排除那些不具备最小间距的实例，如图 2-143 所示。

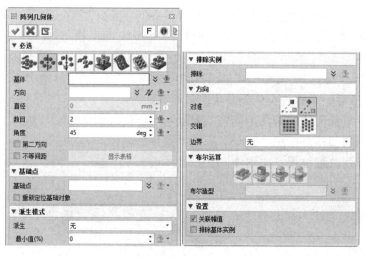

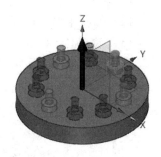

图 2-142 "阵列几何体-圆形阵列"对话框　　图 2-143 排除的不具备最小距离的实例

（6）对准：对齐阵列内的每个实例。

1）基准对齐 ⚏：阵列时，每个实例与基体对象对齐。

2）阵列对齐 ⚏：在圆形阵列中，该选项用于使每个实例与旋转轴对齐。在曲线上阵列中，该选项通过匹配在定位点的曲线的法向来对齐实例。

3. 多边形阵列

该方法可创建单个或多个对象的多边形阵列。

单击"多边形"按钮 ❖，"阵列几何体-多边形阵列"对话框如图 2-144 所示。该对话框中部分选项的含义如下。

（1）边：为多边形阵列指定要阵列的多边形边的数目，最小为3。

（2）间距：控制多边形阵列的方式。

1）每边数：选择此项后，可在下面的"数目"输入框中输入数目来控制多边形每条边上阵列对象之间的间距，按每边数目创建多边形阵列操作示例如图 2-145 所示。

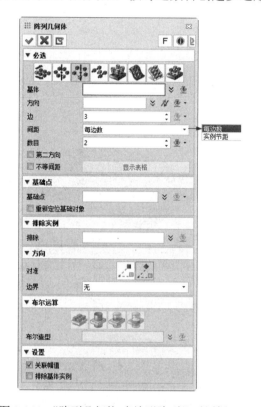

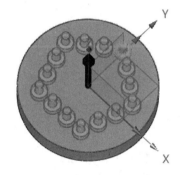

图 2-144　"阵列几何体-多边形阵列"对话框　　　图 2-145　按每边数目创建多边形阵列操作示例

2）实例节距：选择此项后，可在下面的节距输入间距之后，为多边形阵列生成每边所需阵列的数目。

4. 点到点阵列

该方法可创建单个或多个对象的不规则阵列，可将任何实例阵列到所选点上。

单击"点到点"按钮 ，"阵列几何体-点到点阵列"对话框如图 2-146 所示。该对话框中部分选项的含义如下。

（1）目标点：选择一个参考点用于定位阵列中的每个实例。

（2）在面上：选择放置阵列的表面，然后单击确定目标点。

点到点阵列操作示例如图 2-147 所示。

5. 在阵列

该方法根据前一个阵列的参数设置对所选对象进行阵列。该阵列的特征（方向、数量、间距等）与所选阵列的相同。

单击"在阵列"按钮 ，"阵列几何体-在阵列"对话框如图 2-148 所示。在阵列操作示例如图 2-149 所示。

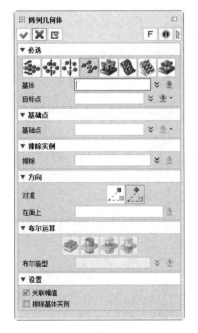

图 2-146 "阵列几何体-点到点阵列"对话框

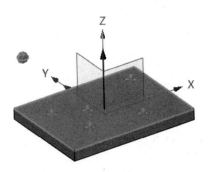

图 2-147 点到点阵列操作示例

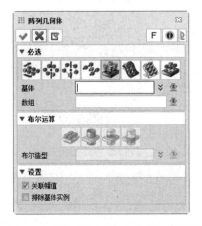

图 2-148 "阵列几何体-在阵列"对话框

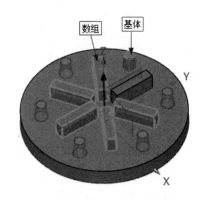

图 2-149 在阵列操作示例

6．在曲线上

该方法通过输入一条或多条曲线，创建一个 3D 阵列。第一条曲线用于指定第一个方向。这些曲线会自动限制阵列中的实例数量，以适应边界。

单击"在曲线上"按钮，"阵列几何体-在曲线上"对话框如图 2-150 所示。该对话框中部分选项的含义如下。在曲线上阵列操作示例如图 2-151 所示。

（1）边界：选择用于定义和限制阵列的边界曲线。第一条曲线用于指定第一个方向。可根据选择的是"1 曲线 "" 2 曲线 "" 跨越 2 曲线 "还是"3-4 曲线 "选择边界。

（2）数目：设置第一方向阵列的数量。因受边界的限制，该数量不一定是最终的阵列数。

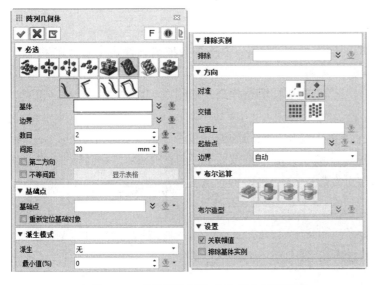

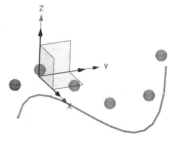

图 2-150 "阵列几何体-在曲线上"对话框　　　图 2-151 在曲线上阵列操作示例

（3）起始点：选择阵列开始的起点。

（4）边界：用于控制阵列对象在边界上的位置，包括"自动""到位"和"移动"3 个选项。

7．在面上

该方法可在一个现有曲面上创建一个 3D 阵列。该曲面会自动限制阵列中的实例数量，以适应边界 U 和边界 V。

单击"在面上"按钮，"阵列几何体-在面上"对话框如图 2-152 所示。该对话框中部分选项的含义如下。

（1）面：选择用于放置阵列的面。

（2）数目：设置第一方向阵列的数量。因受面的限制，该数量不一定是最终的阵列数。在面上阵列操作示例如图 2-153 所示，设置的第一方向阵列数为 8，第二方向阵列数为 6，实际结果因受面的限制均比设置的数目少。

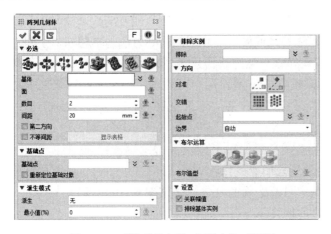

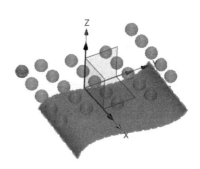

图 2-152 "阵列几何体-在面上"对话框　　　图 2-153 在面上阵列操作示例

8．填充阵列

该方法可在指定的草图区域创建一个 3D 阵列。该阵列会根据设置的类型、旋转角度、间距等自动填充指定的草图区域。

单击"填充阵列"按钮 ，"阵列几何体-填充阵列"对话框如图 2-154 所示。该对话框中部分选项的含义如下。

（1）类型：用户可在该下拉菜单中选择相应的类型，包括正方形、菱形、六边形、同心圆、螺旋以及沿草图曲线，所生成的填充阵列将按该类型排列成形。填充阵列操作示例如图 2-155 所示，该阵列形状为正方形。

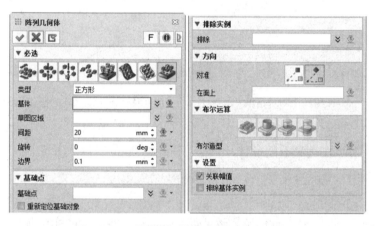

图 2-154 "阵列几何体-填充阵列"对话框

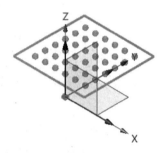

图 2-155 填充阵列操作示例

（2）草图区域：选择需要填充阵列的草图或草图块，即指定填充区域。

（3）边界：设置用于定义和限制填充阵列的边界距离。

三、阵列特征

使用"阵列特征"命令，可对特征、草图进行阵列。

单击"造型"选项卡"基础编辑"面板中的"阵列特征"按钮 ，系统弹出"阵列特征"对话框，如图 2-156 所示。该对话框提供了 9 种不同类型的阵列方法，每种方法都需要不同类型的输入。前 8 种阵列方法与"阵列几何体"中介绍的阵列方法基本相同，不同之处在于在每种方法中增加了"变量阵列"选项组，这里我们只对"变量阵列"选项组进行介绍。

如图 2-157 所示，单击"按变量参数"按钮 ，用户可通过草图尺寸参数化来驱动阵列。在"变量阵列"选项组的"类型"下拉菜单中有"无""参数列表""参数增量表""实例参数表"4 种选项。下面对各选项进行详细介绍。

（1）无：不创建变化阵列。

（2）参数列表：通过参数尺寸的增量来创建变化阵列。

1）参数：选择要变化的参数。在这里要选择的是定义特征的尺寸。

2）增量：为指定的参数设置变化的增量。

3）列表：罗列上面所定义的所有参数和增量。

（3）参数增量表：通过表格来控制变量阵列的尺寸变化增量。

选择"参数增量表"选项，如图 2-158 所示。单击"变量表"按钮▦，系统弹出图 2-159 所示的"阵列特征变量表"对话框，以表格方式来定义基于选择的基体所包含的特征参数的增量。图 2-160 所示为根据图 2-159 所示的阵列特征变量表创建的阵列操作示例。下面对变量类型进行介绍。

图 2-156　"阵列特征"对话框

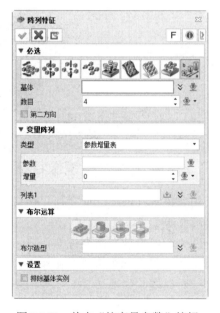

图 2-157　单击"按变量参数"按钮

图 2-158　选择"参数增量表"选项

图 2-159　"阵列特征变量表"对话框

1）输入：可将下面输出的表格编辑尺寸增量后再行导入。

2）输出：可将该表格导出用 Excel 打开编辑该表格文件。

（4）实例参数表：通过表格来控制实例的变量阵列的尺寸定义值。 单击"变量表"按钮，系统弹出图 2-161 所示的"阵列特征变量表"对话框（二），修改孔的直径尺寸和定位尺寸，结果如图 2-162 所示。

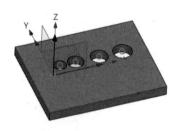

图 2-160　根据阵列特征变量表
创建的阵列操作示例

图 2-161　"阵列特征变量表"对话框（二）

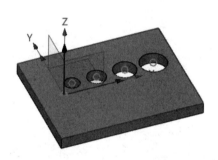

图 2-162　修改孔的直径尺寸和定位尺寸的结果

四、镜像几何体和镜像特征

使用"镜像几何体"命令可以镜像以下对象的任意组合：造型、零件、曲线、点、草图、基准面等。

使用"镜像特征"命令镜像特征。

单击"造型"选项卡"基础编辑"面板中的"镜像几何体"按钮，系统弹出"镜像几何体"对话框，如图 2-163 所示。镜像几何体操作示例如图 2-164 所示。

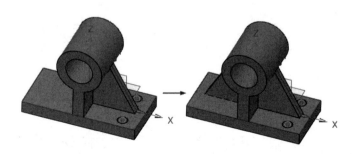

图 2-163　"镜像几何体"对话框

图 2-164　镜像几何体操作示例

单击"造型"选项卡"基础编辑"面板中的"镜像特征"按钮 ，系统弹出"镜像特征"对话框，如图 2-165 所示。镜像特征操作示例如图 2-166 所示。

图 2-165 "镜像特征"对话框

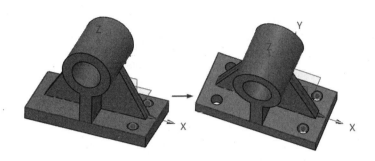

图 2-166 镜像特征操作示例

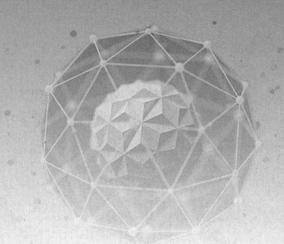

项目三

空间曲线与曲面造型

【项目描述】

本项目设计了 4 个子任务来学习空间曲线和曲面造型命令的使用，以及曲面的编辑等基本操作。

任务一是风扇设计。该任务目标是让读者通过风扇设计这个实际案例，深入探索中望3D 软件卓越的曲面造型能力和空间曲线设计工具。该任务旨在强化读者对复杂三维几何形状构建的掌握，并提升对产品设计精细细节的把控能力。

任务二是轮毂设计。该任务目标是引导读者通过轮毂设计这一具体案例，掌握中望 3D 软件中的关键建模命令，包括"投影曲线""曲线分割""曲面修剪"以及"直纹曲面"等命令。此任务不仅旨在提升读者对软件操作技巧的熟练度，也着重培养他们在复杂几何形状构建中的设计能力。

任务三是鼠标设计。该任务的重点是学习"修剪平面""反转曲面方向""圆角开放面"和"分割边"命令的使用，提升读者对复杂曲面处理的理解和应用能力。

任务四是茶壶设计。在本任务中，读者将复习并巩固如何利用双轨放样和扫掠工具生成复杂的三维曲面；学习如何在中望 3D 中创建 U/V 曲面来进行茶壶设计；学习使用"相交曲线"命令来精确定义茶壶的细节，使用"浮雕"命令将为茶壶的表面添加独特的纹理和造型，提升产品的美观性和独特性。通过完成该任务，读者将在实际操作中加深对中望3D 软件曲面建模功能的理解。

整体而言，这些任务的目的是通过实际的产品设计案例，使读者能够在中望 3D 软件环境中，系统地学习和实践高级的曲面建模技术，逐步建立起复杂产品设计的综合能力。

【素养提升】

通过绘制空间曲线和曲面，培养空间想象力和立体思维能力，能够更好地理解和表达三维空间中的概念。曲线信息往往涉及多个学科领域，需要整合不同学科的知识来全面理解和分析曲线，从而提升跨学科的知识整合能力。

任务一 风扇设计

【任务导入】

创建图 3-1 所示的风扇。

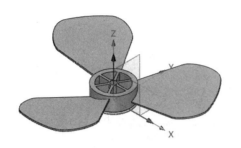

微课视频

图 3-1 风扇

【学习目标】

（1）学习"扫掠""边界曲线""FEM 面"命令的使用。

（2）掌握"网状筋""成角度面""面上过点曲线""曲线修剪"命令的使用。

【思路分析】

在本任务中，读者需要创建风扇。首先，创建扫掠实体，创建 FEM 面并对其加厚，其次，将两实体进行合并，并创建圆角，再次，创建网状筋和成角度面，并创建面上过点曲线，对成角度面进行曲线修剪；最后，对面进行加厚和阵列。

【操作步骤】

（1）绘制草图 1。单击"造型"选项卡"基础造型"面板中的"草图"按钮，系统弹出"草图"对话框，选择默认 CSYS_XY 面作为基准面，绘制如图 3-2 所示的草图 1。

（2）绘制草图 2。单击"造型"选项卡"基础造型"面板中的"草图"按钮，系统弹出"草图"对话框，选择默认 CSYS_XZ 面作为基准面，绘制如图 3-3 所示的草图 2。

图 3-2 草图 1

图 3-3 草图 2

（3）创建扫掠基体。单击"造型"选项卡"基础造型"面板中的"扫掠"按钮，系统弹出"扫掠"对话框，轮廓 P1 选择"草图 1"，路径 P2 选择"草图 2"，布尔运算选择"基体"，偏移选择"加厚"，外部偏移距离设置为"0mm"，内部偏移距离设置为"10mm"，轮廓封口选择"两端封闭"，如图 3-4 所示。扫掠基体如图 3-5 所示。

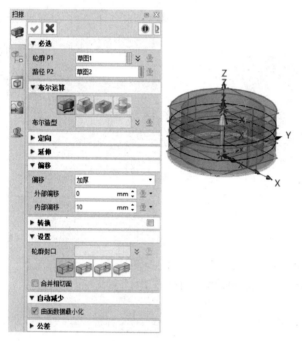

图 3-4　扫掠参数设置

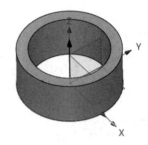

图 3-5　扫掠基体

（4）创建边界曲线。单击"线框"选项卡"曲线"面板中的"边界曲线"按钮，弹出"边界曲线"对话框，选择图 3-6 所示的边创建边界曲线。

（5）创建 FEM 面。单击"曲面"选项卡"基础面"面板中的"FEM 面"按钮，系统弹出"FEM 面"对话框，选择边界曲线，创建 FEM 面，如图 3-7 所示。

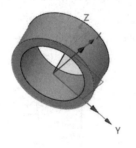

图 3-6　选择边

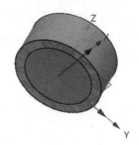

图 3-7　创建 FEM 面

（6）曲面加厚。单击"造型"选项卡"编辑模型"面板中的"加厚"按钮，系统弹出"加厚"对话框，选择 FEM 面，设置单侧加厚，偏移 1 设置为"10mm"，如图 3-8 所示。单击"确定"按钮，曲面加厚结果如图 3-9 所示。

（7）添加实体。单击"造型"选项卡"编辑模型"面板中的"添加实体"按钮，系统弹出"添加实体"对话框，将扫掠基体和加厚曲面进行合并，添加实体结果如图3-10所示。

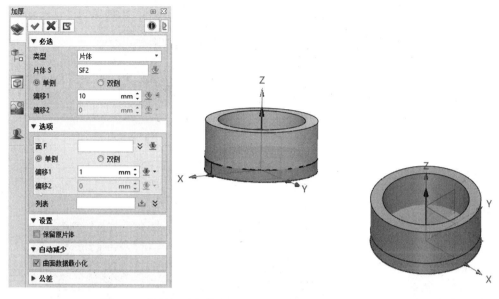

图3-8 曲面加厚参数设置　　　　　　　　图3-9 曲面加厚结果

（8）创建圆角。单击"造型"选项卡"工程特征"面板中的"圆角"按钮 ，系统弹出"圆角"对话框，选择图3-11所示的圆柱底面边线创建圆角，半径设置为"5mm"。

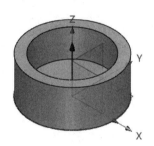 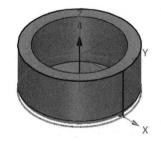

图3-10 添加实体结果　　　　　　图3-11 选择圆柱底面边线

（9）绘制草图3。单击"造型"选项卡"基础造型"面板中的"草图"按钮 ，系统弹出"草图"对话框，选择圆柱体的内底面为草绘基准面，绘制草图3，如图3-12所示。

（10）拉伸实体。单击"造型"选项卡"基础造型"面板中的"拉伸"按钮 ，系统弹出"拉伸"对话框，选择草图1，拉伸类型设置为"1边"，单击结束点后的"下拉"按钮，在弹出的下拉菜单中选择"到面"命令，然后选择图3-13所示的面。布尔运算选择"加运算"，布尔造型选择圆柱体实体。

（11）绘制草图4。单击"造型"选项卡"基础造型"面板中的"草图"按钮 ，系统弹出"草图"对话框，选择圆柱体的内底面为草绘基准面，绘制草图4，如图3-14所示。

（12）创建网状筋。单击"造型"选项卡"工程特征"面板中的"网状筋"按钮 ，系统弹出"网状筋"对话框，选择草图4，加厚设置为"5mm"，起点设置为"0mm"，端面选择圆柱体顶面，如图3-15所示。单击"确定"按钮 ，网状筋如图3-16所示。

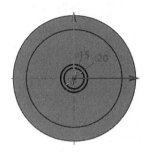

图 3-12　草图 3

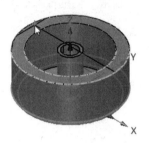

图 3-13　选择面

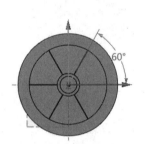

图 3-14　草图 4

图 3-15　网状筋参数设置

（13）绘制草图 5。单击"造型"选项卡"基础造型"面板中的"草图"按钮，系统弹出"草图"对话框，选择默认 CSYS_XZ 面为草绘基准面，绘制草图 5，如图 3-17 所示。

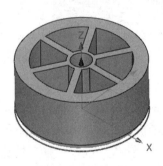

图 3-16　网状筋

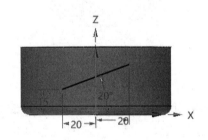

图 3-17　草图 5

（14）创建成角度面。单击"曲面"选项卡"基础面"面板中的"成角度面"按钮，系统弹出"成角度面"对话框，选择圆柱面，选择草图 5，类型选择"1 边"，距离 1 设置为"160mm"，角度设置为"-10deg"，方向设置为-Y 轴，如图 3-18 所示。单击"确定"按钮，成角度面如图 3-19 所示。

（15）创建面上过点曲线。单击"线框"选项卡"曲线"面板中的"面上过点曲线"按钮，系统弹出"面上过点曲线"对话框，在成角度面上绘制曲线 1，设置起点与终点均为"相切"，如图 3-20 所示。使用同样的方法，绘制曲线 2。面上过点曲线如图 3-21 所示。

图 3-18　成角度面参数设置

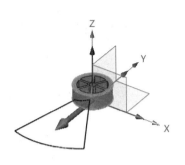

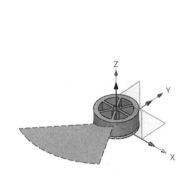

图 3-19　成角度面

图 3-20　面上过点曲线参数设置

（16）曲线修剪。单击"曲面"选项卡"编辑面"面板中的"曲线修剪"按钮，系统弹出"曲线修剪"对话框，选择成角度面和上一步绘制的 2 条曲线，选择图 3-22 所示的位置为要保留的面，单击"确定"按钮，曲线修剪结果如图 3-23 所示。

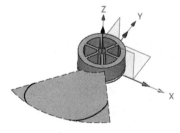

图 3-21　面上过点曲线

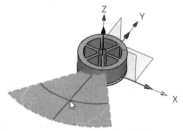

图 3-22　选择要保留的面

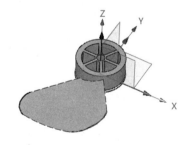

图 3-23　曲线修剪结果

（17）曲面加厚。单击"造型"选项卡"编辑模型"面板中的"加厚"按钮，系统弹出"加厚"对话框，选择成角度面，设置单侧加厚，厚度为"3mm"，曲面加厚结果如图 3-24 所示。

（18）阵列几何体。单击"造型"选项卡"基础编辑"面板中的"阵列几何体"按钮一, 系统弹出"阵列几何体"对话框, 将选择工具栏中的选择过滤设置为"造型", 选择扇叶造型, 方向选择 Z 轴, 数目设置为"3", 角度为"120deg", 布尔运算选择"加运算", 布尔造型选择圆柱体, 如图 3-25 所示, 单击"确定"按钮✔。

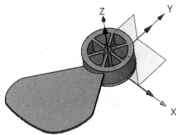

图 3-24　曲面加厚结果

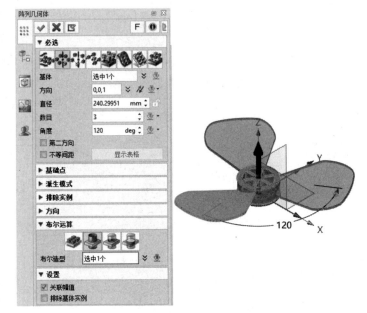

图 3-25　阵列几何体参数设置

【知识拓展】

一、扫掠

"扫掠"命令是用一个开放或闭合的轮廓和一条扫掠路径, 创建简单扫掠。该路径可以是线框、面边线、草图或曲线列表。

单击"造型"选项卡"基础造型"面板中的"扫掠"按钮🔲, 系统弹出"扫掠"对话框, 如图 3-26 所示。下面对该对话框中部分选项进行介绍。

1. 必选

（1）轮廓 P1: 选择要扫掠的轮廓, 可以选择线框、面边线或草图, 以及开放或封闭的造型。

（2）路径 P2: 选择一个靠近扫掠路径开始端的点, 可以选择线框、边和草图。通过右击该选项, 或单击其后的"下拉"按钮🎤, 在弹出的如图 3-27 所示的下拉菜单中选择"插入曲线列表"命令, 系统弹出"插入曲线列表"对话框, 如图 3-28 所示。在该对话框中可以选取多个线框实体, 扫掠的路径必须是相切连续的。

2. 定向

（1）坐标: 该选项对扫掠过程中使用的参考坐标系进行定义。

1）默认坐标: 该坐标即轮廓的默认参考坐标。

2）在交点上: 该选项为默认选项, 该坐标建立在轮廓平面与扫掠曲线的交点上。如果

102 —

未发现相交，其将位于路径的开始点。

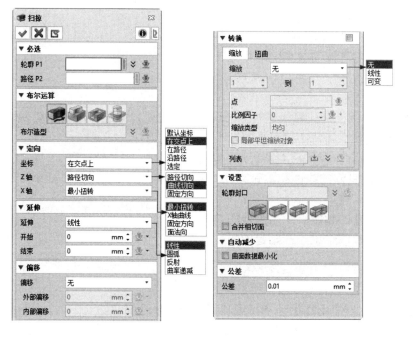

图 3-26　"扫掠"对话框　　　　　　　　　　　　　图 3-27　下拉菜单

3）在路径：该坐标位于扫掠路径的开始点。

4）沿路径：该坐标在扫掠轮廓上。在扫掠时，扫掠路径会从局部坐标系，重定位到参考坐标系上。

5）选定：选择该项，系统会提示选择一个基准平面或零件面，以控制扫掠操作。这个参考坐标与被扫掠的实体在理论上形成一个刚体连接。然后，参考坐标会移动到曲线轨迹的起点。

图 3-28　"插入曲线列表"对话框

使用"选定"坐标选项，可以沿路径扫掠那些未在原点或路径起点建立（输入）的几何体。用户可以在一个应沿该路径扫掠的点的位置建立一个坐标系，并使用"选定"坐标选项选择该坐标系。

（2）Z 轴：使用此选项控制 Z 轴的方向，Z 轴垂直于轮廓，可从以下选项中选择。

1）路径切向：Z 轴与路径切向同向。

2）曲线切向：Z 轴与选择的曲线切向同向。

3）固定方向：Z 轴平行于选定的方向。

（3）X 轴：使用此选项控制扫掠过程中 X 轴的方向，可从下列选项中选择。

1）最小扭转：X 轴限制为最小旋转，该选项为默认选项。

2）X 轴曲线：X 轴方向是从局部坐标系的原点到局部坐标系的 XY 平面与选择曲线的交点的方向。

3）固定方向：X 轴方向是选择方向和 Z 轴方向的叉积所指方向。

4）面法向：使用此设置，则 Z 轴方向固定为路径切向。

X 轴方向是 Z 轴方向和面法向的叉积所指方向。面法向是离局部坐标系原点最近的所选面上点的面法向。

3. "延伸"选项组

（1）延伸：使用此选项控制延伸曲线和面的路径。

1）线性：延伸沿线性路径进行。不断以切线方向从终点延伸，但曲率不匹配。这导致了视觉的不连续及其他问题。

2）圆弧：延伸沿曲率方向上的圆弧路径进行。与现有曲率匹配，但延伸过长则会朝切线反方向返回。若想要延伸到外部其他曲线或平面，不能选择此方法。

3）反射：延伸沿与曲率方向相反的反射路径进行。

4）曲率递减：延伸可保持良好的线性和圆弧属性。终点曲率匹配。因为曲率减小，最终变为线性并远离曲线或表面末端。

（2）开始：定义从扫掠位置的起始点开始延伸的长度。

（3）结束：定义从扫掠位置的结束点开始延伸的长度。

4. 转换

（1）"缩放"选项卡。

1）缩放：使用此选项对放样应用比例因子，可从下列选项中选择。

① 无：扫掠曲面/实体不进行缩放，该选项为默认选项。

② 线性：比例因子为一个线性均匀函数，根据指定的值开始和结束。

③ 可变：比例因子是不均匀的，是基于缩放属性的。它将匹配驱动曲线上的点的属性值，并在属性之间光顺地桥接。如果只有一个属性放置在驱动曲线上，整个放样将缩放至该属性值。如果没有属性放置在驱动曲线的开始和结束端，放样将继续保持与前面的桥接段相切。

2）点：选择曲线上的点，用于定位属性。

3）比例因子：为选择的点设置所需的缩放因子。

4）缩放类型：指定缩放应该沿着哪个轴进行。可选择下列选项之一：均匀、仅 X 轴、仅 Y 轴和仅 Z 轴。

5）局部平坦缩放对象：指定沿驱动曲线混合常量和变量比例因子。若勾选该复选框，则驱动曲线的所选点上将添加 flat 属性符号，这样就有了一个常量比例因子。

6）列表：指定点、比例因子和缩放类型后，单击鼠标中键，点、比例因子和缩放类型会作为一条记录加入列表中。双击列表中的记录，会将该记录的值填充到对应的字段再重新编辑。可选择不同的点并设置不同的比例因子。

（2）"扭曲"选项卡。

切换至"扭曲"选项卡，如图 3-29 所示。

1）扭曲：使用此选项对驱动曲线应用一个扭曲因子，可从下列选项中选择。

① 无：扫掠曲面/实体不发生扭曲，该选项为默认选项。

② 线性：扭曲因子为一个线性均匀函数，基于指定的值开始和结束。正值表示逆时针扭曲。

③ 可变：扭曲因子是不均匀的，是基于扭曲属性的。它将匹配驱动曲线上的点的属性值，并在属性之间光顺地桥接。

2）点：选择曲线上的一个点，用于定位属性。

3）扭曲角度：为选择的点设置所需的扭曲角度。

4）局部平坦旋转对象：指定沿驱动曲线混合常量和变量扭曲因子。若勾选该复选框，则驱动曲线的所选点上将添加 flat 属性符号，这样就有了一个常量扭曲因子。

5）列表：指定点、扭曲角度后，单击鼠标中键，点和扭曲角度会作为一条记录加入列表中。双击列表中的记录，会将该记录的值填充到对应的字段再重新编辑。可选择不同的点并设置不同的扭曲角度。

5. 设置

合并相切面：勾选该复选框，则合并相切的面。合并相切面操作示例如图 3-30 所示。

图 3-29 "扭曲"选项卡

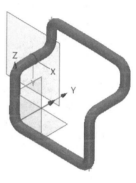

（a）合并前　　　　（b）合并后

图 3-30 合并相切面操作示例

6. 自动减少

曲面数据最小化：勾选复选框，则优化曲面的控制点数量。该操作有可能影响曲面生成的速度，但影响有限；减小了所生成曲面的控制点密度，从而使曲面的数据更小。

二、边界曲线

使用"边界曲线"命令，从现有的面边线创建曲线。在某些情况下，系统识别圆和圆弧边线，并创建适当的曲线类型。

单击"线框"选项卡"曲线"面板中的"边界曲线"按钮 ，弹出"边界曲线"对话框，如图 3-31 所示。边界曲线操作示例如图 3-32 所示。

图 3-31 "边界曲线"对话框

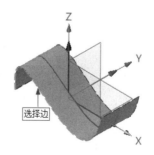

图 3-32 边界曲线操作示例

三、FEM 面

使用"FEM 面"命令，穿过边界曲线上的点的集合，拟合一个单一的面。

单击"曲面"选项卡"基础面"面板中的"FEM 面"按钮，系统弹出"FEM 面"对话框，如图 3-33 所示。该对话框中部分选项含义如下。

（1）边界：选择边界曲线，可使用线框曲线、草图、边线和曲线列表，在这些曲线类型的任何组合中，保留相切支持。

（2）U 素线、V 素线次数：指定结果面在 U 和 V 方向上的次数。它指的是方程式在各个方向上定义的次数。较低次数的面的精确度较低，需要较少的存储和计算时间。较高次数的面与此相反。在大多数情况下，默认值 3 将产生优质的面。

（3）曲线：选择控制曲线。

（4）点：选择点定义曲面的内部造型。

（5）法向：在点上指定一个可选的曲面法向。

（6）连续方式：指定 FEM 面的连续方式，可设置为相切连续或曲率连续。

FEM 面操作示例如图 3-34 所示。

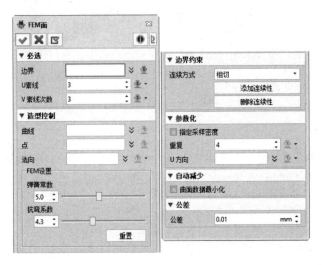

图 3-33 "FEM 面"对话框   图 3-34 FEM 面操作示例

四、网状筋

使用"网状筋"命令可创建一个网状筋。该命令支持用多个轮廓来定义网状筋。每个轮廓均可用于定义不同宽度的筋剖面，用户也可使用一个单一轮廓来指定筋宽度。

单击"造型"选项卡"工程特征"面板中的"网状筋"按钮，系统弹出"网状筋"对话框，如图 3-35 所示。该对话框中部分选项含义如下。

（1）布尔造型：选择一个造型，仅支持单一对象输入。

（2）轮廓：选取一个轮廓作为筋特征，单击鼠标中键结束，还可继续选择其他轮廓。

（3）加厚：用于加厚轮廓。每个轮廓表示一组没有自交叉的筋。每个草图或轮廓可拥有不同的厚度。如果轮廓或草图是一个闭合的环，则厚度可等于 0mm。

（4）起点：指定网状筋的开始位置。

（5）端面：指定网状筋的结束面。指定一个端面后，"反转方向"复选框将变为不可用。

（6）拔模角度：给筋的边指定拔模角度。

（7）边界：选择筋与零件相交的所有边界面。

（8）反转方向：反转网状筋的拉伸方向。

网状筋操作示例如图 3-36 所示。

图 3-35 "网状筋"对话框 　　　　　　图 3-36 网状筋操作示例

五、成角度面

使用"成角度面"命令，基于现有的一个面、多个面或基准平面，以一个特定的角度创建新的面。新的面派生于投射在所选面上的曲线、曲线列表或草图。这些也可以位于面上。

单击"曲面"选项卡"基础面"面板中的"成角度面"按钮，系统弹出"成角度面"对话框，如图 3-37 所示。该对话框中部分选项含义如下。

（1）面：选择曲线要投射的一个面、多个面或基准平面。新面将从投射曲线开始延伸。

（2）曲线：选择要投射的曲线、曲线列表或草图。用户可以单击鼠标中键创建要投射的新草图。

（3）类型：指定延伸类型，可选择"1 边""2 边""对称"选项。

（4）距离 1：指定新面应该延伸的距离。新面开始于曲线投射的位置，并向外（或向内）延伸此距离。

（5）角度：指定新面相对于所选面的角度。角度为 0deg 将产生垂直于所选面的面。角度为"±90deg"将产生与所选面相切的面。

（6）方向：指定曲线投射的方向。默认情况下，曲线垂直于面。

（7）双向投影：勾选该复选框，则在两个方向上投射曲线。

成角度面操作示例如图 3-38 所示。

图 3-37 "成角度面"对话框

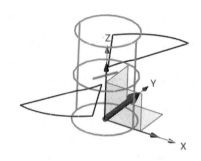

图 3-38 成角度面操作示例

六、面上过点曲线

使用"面上过点曲线"命令，通过在面上的一系列点创建一条曲线。点和曲线均处于该面上。

单击"线框"选项卡"曲线"面板中的"面上过点曲线"按钮，系统弹出"面上过点曲线"对话框，如图 3-39 所示。该对话框中提供了两种创建曲线的方法，含义如下。

（1）通过点：通过定义一系列曲线将要通过的点创建一条曲线，如图 3-40（a）所示。

（2）控制点：通过定义一系列控制点，创建一条曲线。该曲线将在第一个控制点开始，并在最后一个控制点结束，如图 3-40（b）所示。

若勾选"创建开放曲线"复选框，则创建开放曲线；否则，创建闭合曲线。

图 3-39 "面上过点曲线"对话框

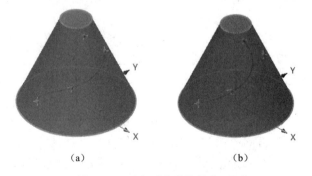

（a）   （b）

图 3-40 面上过点曲线操作示例

七、曲线修剪

使用"曲线修剪"命令，用一条曲线或多条曲线的集合修剪面或造型。曲线可以互相交叉，但是分支将会从修剪后的面上移除（修剪面将被清理）。

单击"曲面"选项卡"编辑面"面板中的"曲线修剪"按钮 ，系统弹出"曲线修剪"对话框，如图 3-41 所示。曲线修剪操作示例如图 3-42 所示。

图 3-41 "曲线修剪"对话框

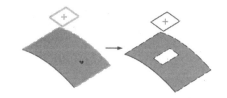

图 3-42 曲线修剪操作示例

任务二 轮毂设计

【任务导入】

创建如图 3-43 所示的轮毂。

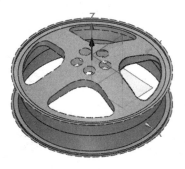

图 3-43 轮毂

微课视频

【学习目标】

（1）学习"投影到面""曲线分割"和"曲面修剪"命令的使用。

（2）掌握直纹曲面的创建方法。

【思路分析】

在本任务中，读者需要创建轮毂。首先，使用"旋转"命令创建旋转曲面，绘制草图，其次，创建投影曲线，利用投影曲线对旋转曲面进行分割删除，再次，创建投影曲线间的直纹曲面，并对直纹曲面进行阵列，分割曲面并将其删除，最后，创建拉伸曲面并对一些曲面进行修剪。

【操作步骤】

（1）绘制草图 1。单击"造型"选项卡"基础造型"面板中的"草图"按钮✎，系统弹出"草图"对话框，选择默认 CSYS_XZ 面作为草绘基准面，绘制草图 1，如图 3-44 所示。

（2）创建旋转曲面 1。单击"造型"选项卡"基础造型"面板中的"旋转"按钮🔩，系统弹出"旋转"对话框，选择草图 1，创建旋转曲面 1，如图 3-45 所示。

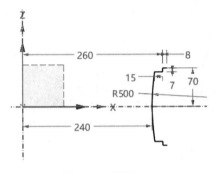

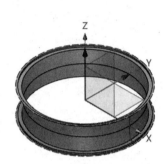

图 3-44　草图 1　　　　　　　　　　　　图 3-45　旋转曲面 1

（3）绘制草图 2。单击"造型"选项卡"基础造型"面板中的"草图"按钮✎，系统弹出"草图"对话框，选择默认 CSYS_XZ 面作为草绘基准面，绘制草图 2，如图 3-46 所示。

（4）创建旋转曲面 2。单击"造型"选项卡"基础造型"面板中的"旋转"按钮🔩，系统弹出"旋转"对话框，选择草图 2，创建旋转曲面 2，如图 3-47 所示。

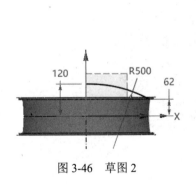

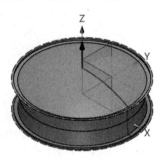

图 3-46　草图 2　　　　　　　　　　　　图 3-47　旋转曲面 2

（5）绘制草图 3。单击"造型"选项卡"基础造型"面板中的"草图"按钮✎，系统弹出"草图"对话框，选择默认 CSYS_XZ 面作为草绘基准面，绘制草图 3，如图 3-48 所示。

（6）创建旋转曲面 3。隐藏前面创建的旋转曲面 2。单击"造型"选项卡"基础造型"面板中的"旋转"按钮🔩，系统弹出"旋转"对话框，选择草图 3，创建旋转曲面 3，如图 3-49 所示。

（7）绘制草图 4。单击"造型"选项卡"基础造型"面板中的"草图"按钮✎，系统弹出"草图"对话框，选择默认 CSYS_XY 面作为草绘基准面，绘制草图 4，如图 3-50 所示。

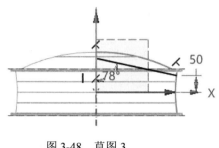

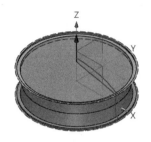

图 3-48　草图 3　　　　　　　　　　　　　图 3-49　旋转曲面 3

（8）创建投影曲线 1。单击"线框"选项卡"曲线"面板中的"投影到面"按钮 ，系统弹出"投影到面"对话框，选择草图 4，选择旋转曲面 3，投影方向选择 Z 轴，生成投影曲线 1，如图 3-51 所示。

（9）曲线分割 1。单击"曲面"选项卡"编辑面"面板中的"曲线分割"按钮 ，系统弹出"曲线分割"对话框，选择旋转曲面 3 和投影曲线 1，投影选择"面法向"，单击"确定"按钮 ，删除分割后的曲面，曲线分割 1 结果如图 3-52 所示。

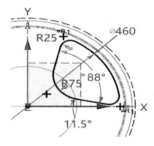

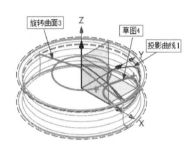

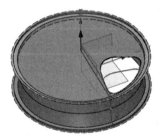

图 3-50　草图 4　　　　　图 3-51　生成投影曲线 1　　　　图 3-52　曲线分割 1 结果

（10）创建投影曲线 2。显示旋转曲面 2，单击"线框"选项卡"曲线"面板中的"投影到面"按钮 ，系统弹出"投影到面"对话框，选择草图 4，选择旋转曲面 2，生成投影曲线 2，如图 3-53 所示。

（11）曲线分割 2。单击"曲面"选项卡"编辑面"面板中的"曲线分割"按钮 ，系统弹出"曲线分割"对话框，选择旋转曲面 2 和投影曲线 2，投影选择"面法向"，单击"确定"按钮 ，删除分割后的曲面，曲线分割 2 结果如图 3-54 所示。

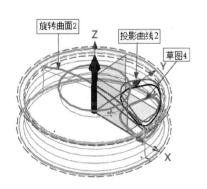

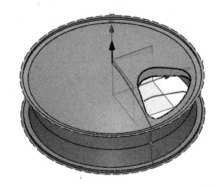

图 3-53　生成投影曲线 2　　　　　　　　　图 3-54　曲线分割 2 结果

（12）创建直纹曲面。单击"曲面"选项卡"基础面"面板中的"直纹曲面"按钮，系统弹出"直纹曲面"对话框，选择"曲线列表 1"作为路径 1，"曲线列表 2"作为路径 2，如图 3-55 所示，单击"确定"按钮，直纹曲面如图 3-56 所示。

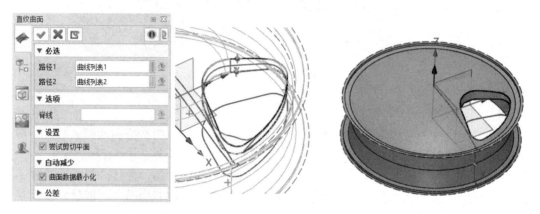

图 3-55　直纹曲面参数设置　　　　　　　　　图 3-56　直纹曲面

（13）阵列特征。在"历史管理"管理器中选择"投影 1""投影 2"和"曲面 1_高级"特征，单击"造型"选项卡"基础编辑"面板中的"阵列特征"按钮，系统弹出"阵列特征"对话框，选择阵列中心轴为 Z 轴，数目设置为"4"，角度为"90deg"，阵列特征如图 3-57 所示。

（14）创建分割曲面。参照步骤（9）继续用曲线对曲面进行分割并删除多余曲面，结果如图 3-58 所示。

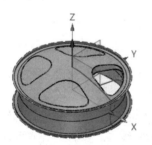

图 3-57　阵列特征　　　　　　　　　　　图 3-58　创建其他曲面

（15）绘制草图 5。单击"造型"选项卡"基础造型"面板中的"草图"按钮，系统弹出"草图"对话框，选择默认 CSYS_XY 面作为草绘基准面，绘制草图 5，如图 3-59 所示。

（16）创建拉伸曲面。单击"造型"选项卡"基础造型"面板中的"拉伸"按钮，系统弹出"拉伸"对话框，拉伸类型选择"1 边"，结束点设置为"200mm"，布尔运算选择"基体"，单击"确定"按钮，拉伸曲面如图 3-60 所示。

（17）曲面修剪。单击"曲面"选项卡"编辑面"面板中的"曲面修剪"按钮，系统弹出"曲面修剪"对话框，选择旋转曲面 2 和旋转曲面 3 作为要修剪的曲面，选择拉伸曲面作为修剪体，取消所有复选框的勾选，如图 3-61 所示。单击"确定"按钮，修剪结果如图 3-62 所示。

图 3-59 草图 5

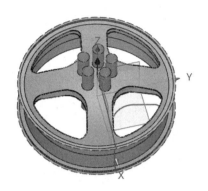

图 3-60 拉伸曲面

图 3-61 曲面修剪参数设置

图 3-62 修剪结果

【知识拓展】

一、投影到面

使用"投影到面"命令，将曲线或草图投影在面和/或基准面上。

单击"线框"选项卡"曲线"面板中的"投影到面"按钮 ，弹出"投影到面"对话框，如图 3-63 所示。该对话框中部分选项含义如下。投影到面操作示例如图 3-64 所示。

图 3-63 "投影到面"对话框

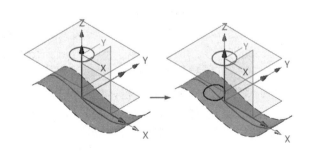

图 3-64 投影到面操作示例

（1）曲线：选择草图、曲线。

（2）面：选择曲线投影的面或基准平面。

（3）方向：默认情况下，投射方向垂直于面，用户可使用此选项定义一个不同的投射方向。

（4）双向投影：若勾选该复选框，则将曲线投影在所选方向的正向和负向两个方向上。

（5）面边界修剪：勾选该复选框，则仅投影至面的修剪边界。

二、曲线分割

使用"曲线分割"命令，将面或造型在一条曲线或多条曲线的集合处进行分割。如果曲线互相交叉，则结果面上会反映出分支。

单击"曲面"选项卡"编辑面"面板中的"曲线分割"按钮 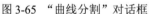，系统弹出"曲线分割"对话框，如图 3-65 所示。该对话框中部分选项含义如下。曲线分割操作示例如图 3-66 所示。

图 3-65 "曲线分割"对话框　　　　图 3-66 曲线分割操作示例

（1）面：设置选择过滤器为面或造型，然后选择要切割的面或造型。

（2）曲线：选择位于面或造型上的分割曲线。如果该选项为空且所选的面相交，系统会自动在相交处创建分割曲线。

（3）投影：控制修剪曲线投影在目标面的方法。当命令执行完成时，此选项总是默认设定回到"不动（无）"。

1）不动（无）：没有投影。曲线必须位于要修剪的面上。

2）面法向：曲线在要修剪的面的法向上投影。

3）单向：设置投影方向为单向，此时需要在"方向"选项中指定投影方向。

4）双向：允许在所选的投影轴的正负方向同时进行投影。如果修剪曲线与要修剪的面有交叉，则该选项可以简化修剪过程。

（4）沿曲线炸开：勾选该复选框，则所有新的边缘曲线将不缝合造型。

（5）延伸曲线到边界：勾选该复选框，则尽可能地将修剪曲线自动延伸至要修剪的曲面集合的边界上。延伸是线性的，且开始于修剪曲线的端部。如果"投影"方法设置为"不动（无）"，勾选该复选框，则"投影"方法将被重置为"面法向"。这有助于避免可能出现的曲线延伸问题。

（6）移除毛刺和面边：默认为勾选状态，用来删除多余的毛刺和分割面的边。一般情况下，建议用户保持默认勾选状态。

三、曲面修剪

使用"曲面修剪"命令修剪面或造型与其他面、造型和基准平面相交的部分。该命令也可以用于修剪一个实体，但获得的结果是一个开放的造型。

单击"曲面"选项卡"编辑面"面板中的"曲面修剪"按钮，系统弹出"曲面修剪"对话框，如图3-67所示。曲面修剪与曲面分割很相似，不同之处在于，曲面修剪需要选择要保留的部分。曲面修剪操作示例如图3-68所示。

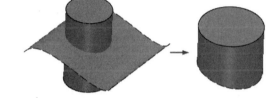

图3-67 "曲面修剪"对话框   图3-68 曲面修剪操作示例

四、直纹曲面

使用"直纹曲面"命令根据两条曲线路径间的线性横截面创建一个直纹曲面。

单击"曲面"选项卡"基础面"面板中的"直纹曲面"按钮，系统弹出"直纹曲面"对话框，如图3-69所示。该对话框中部分选项含义如下。

（1）路径1/路径2：选择曲线路径。

（2）尝试剪切平面：若勾选该复选框，当构建直纹曲面的两条曲线在同一平面上时，构建的直纹曲面可以用一个裁剪平面代替；若不勾选该复选框，则直纹曲面按选择的边界生成平面。

直纹曲面操作示例如图3-70所示。

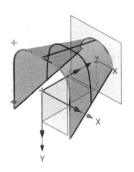

图3-69 "直纹曲面"对话框   图3-70 直纹曲面操作示例

任务三　鼠标设计

【任务导入】

绘制如图 3-71 所示的鼠标。

微课视频

图 3-71　鼠标

【学习目标】

（1）学习"修剪平面"命令的使用。

（2）掌握"反转曲面方向""圆角开放面"和"分割边"命令的使用。

【思路分析】

在本任务中，读者需要创建鼠标。首先，创建旋转实体，创建修剪平面，利用修剪平面对旋转实体进行修剪；然后创建拉伸曲面，利用拉伸曲面修剪实体，并利用直纹曲面进行填补；最后创建圆角并对其进行修剪编辑。

【操作步骤】

（1）绘制草图 1。单击"造型"选项卡"基础造型"面板中的"草图"按钮，系统弹出"草图"对话框，选择默认 CSYS_XZ 面为草绘基准面，绘制草图 1，如图 3-72 所示。

（2）创建旋转实体。单击"曲面"选项卡"基础造型"面板中的"旋转"按钮，系统弹出"旋转"对话框，选择草图 1，选择 X 轴为旋转轴，旋转类型选择"2 边"，起始角度设置为"270deg"，结束角度设置为"90deg"，如图 3-73 所示。单击"确定"按钮，旋转实体如图 3-74 所示。

（3）创建平面 1。单击"造型"选项卡"基准面"面板中的"基准面"按钮，系统弹出"基准面"对话框，以默认 CSYS_XY 面为参考面，偏移设置为"60mm"，如图 3-75 所示。单击"确定"按钮，平面 1 如图 3-76 所示。

（4）绘制草图 2。单击"造型"选项卡"基础造型"面板中的"草图"按钮，系统弹出"草图"对话框，选择平面 1 为草绘基准面，绘制草图 2，如图 3-77 所示。

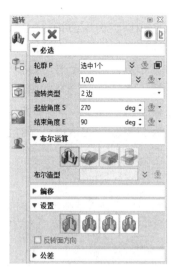

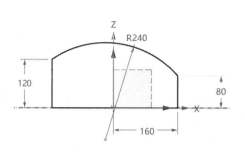

图 3-72　草图 1　　　　　　　　　　图 3-73　旋转参数设置

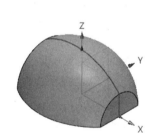

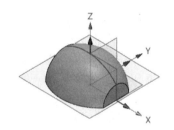

图 3-74　旋转实体　　　　图 3-75　平面参数设置　　　　图 3-76　平面 1

（5）创建修剪平面 1。单击"曲面"选项卡"基础面"面板中的"修剪平面"按钮 , 系统弹出"修剪平面"对话框，选择草图 2 创建修剪平面 1，如图 3-78 所示。

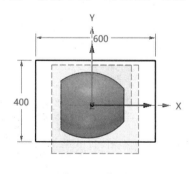

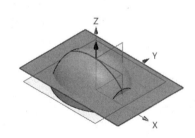

图 3-77　草图 2　　　　　　　　　图 3-78　修剪平面 1

（6）曲面修剪 1。隐藏草图 1、平面 1 和草图 2。单击"曲面"选项卡"编辑面"面板中的"曲面修剪"按钮 , 系统弹出"曲面修剪"对话框，选择实体造型作为要修剪的面，选择上一步创建的平面为修剪体，勾选"保留相反侧"和"全部同时修剪"复选框，如图 3-79 所示。

（7）创建边界曲线。单击"线框"选项卡"曲线"面板中的"边界曲线"按钮 ，弹出"边界曲线"对话框，选择如图 3-80 所示的边创建边界曲线。

（8）创建修剪平面 2。单击"曲面"选项卡"基础面"面板中的"修剪平面"按钮 ，系统弹出"修剪平面"对话框，选择边界曲线创建修剪平面 2，如图 3-81 所示。

图 3-79　曲面修剪参数设置

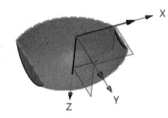

图 3-80　选择边

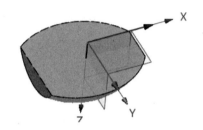

图 3-81　修剪平面 2

（9）绘制草图 3。显示平面 1。单击"造型"选项卡"基础造型"面板中的"草图"按钮 ，系统弹出"草图"对话框，选择平面 1 作为草绘基准面，以点（-110，140）和（-82，-330）为端点绘制半径为"1300mm"的圆弧 1，再以点（75，210）和（75，-320）为端点绘制半径为"1200mm"的圆弧 2，如图 3-82 所示。

（10）创建拉伸曲面。单击"造型"选项卡"基础造型"面板中的"拉伸"按钮 ，系统弹出"拉伸"对话框，选择草图 3，设置拉伸类型为"2 边"，起始点 S 设置为"-10mm"，结束点 E 设置为"200mm"，布尔运算选择"基体"，拔模角度设置为"-10deg"，如图 3-83 所示。单击"确定"按钮 ，拉伸曲面如图 3-84 所示。

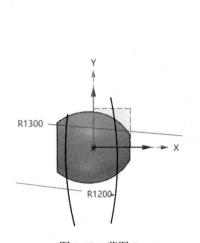

图 3-82　草图 3

图 3-83　拉伸参数设置

图 3-84　拉伸曲面

（11）曲面修剪2。单击"曲面"选项卡"编辑面"面板中的"曲面修剪"按钮，系统弹出"曲面修剪"对话框，选择修剪后的旋转实体面和修剪平面1作为要修剪的面，选择图3-85所示的曲面为修剪体，勾选"保留相反侧"复选框，修剪结果如图3-86所示。

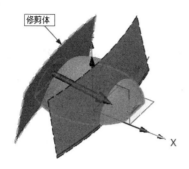

图3-85　选择修剪面和修剪体

图3-86　修剪结果

（12）创建直纹曲面1。单击"曲面"选项卡"基础面"面板中的"直纹曲面"按钮，系统弹出"直纹曲面"对话框，选择两条边界曲线创建直纹曲面1，如图3-87所示。

（13）反转曲面方向。单击"曲面"选项卡"编辑面"面板中的"反转曲面方向"按钮，系统弹出"反转曲面方向"对话框，选择上一步创建的直纹曲面1，反转曲面方向，如图3-88所示。

图3-87　直纹曲面1

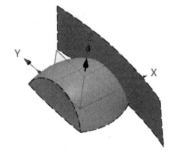

图3-88　反转曲面方向

（14）创建直纹曲面2。参照步骤（11）和（12）创建另一侧的直纹曲面2，如图3-89所示。

（15）创建圆角1。单击"曲面"选项卡"编辑面"面板中的"圆角开放面"按钮，系统弹出"圆角开放面"对话框，选择图3-90所示的"面1"和"面2"，设置半径为"35mm"，截面线类型选择"二次曲线"，二次曲线比率设置为"0.4"，基础面选择"修剪"，圆角面选择"相切匹配"。单击"确定"按钮，圆角1如图3-91所示。使用同样的方法，创建另一侧的圆角2，如图3-92所示。

（16）创建分割边。单击"曲面"选项卡"编辑面"面板中的"分割边"按钮，系统弹出"分割边"对话框，选择图3-93所示的边1，在该边的中点处进行分割。再选择分割后的边，在与圆弧的交点处进行分割。使用同样的方法，将边2、边3和边4进行分割。

图 3-89　直纹曲面 2

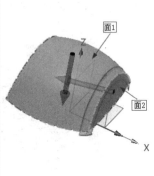

图 3-90　圆角开放面 1 参数设置

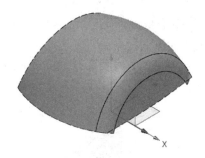

图 3-91　圆角 1

图 3-92　圆角 2

（17）创建边界曲线。单击"线框"选项卡"曲线"面板中的"边界曲线"按钮🪣，弹出"边界曲线"对话框，选择图 3-94 所示的边创建边界曲线。单击"确定"按钮✔，创建边界曲线结果如图 3-95 所示。

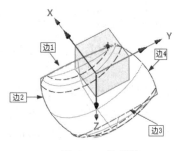

图 3-93　选择边 1

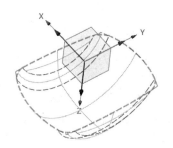

图 3-94　选择边

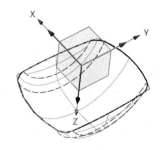

图 3-95　创建边界曲线结果

（18）曲线修剪。单击"曲面"选项卡"编辑面"面板中的"曲线修剪"按钮🪣，系统弹出"曲线修剪"对话框，选择图 3-96 所示的面 1 作为要修剪的面，选择边界曲线作为修剪曲线，选择"保留面"单选按钮，选择图 3-96 所示的位置为要保留的位置，投影选择面法向，勾选"延伸曲线到边界"复选框，曲线修剪结果如图 3-97 所示。

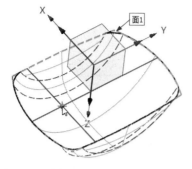

图 3-96　选择面、曲线和要保留的位置

图 3-97　曲线修剪结果

【知识拓展】

一、修剪平面

使用"修剪平面"命令创建一个修剪了一组边界曲线的二维平面。

单击"曲面"选项卡"基础面"面板中的"修剪平面"按钮 ，系统弹出"修剪平面"对话框，如图 3-98 所示。修剪平面操作示例如图 3-99 所示。

图 3-98　"修剪平面"对话框

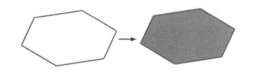

图 3-99　修剪平面操作示例

二、分割边

使用"分割边"命令在所选点上分割面的边。首先选择面的边，然后选择分割点。

单击"曲面"选项卡"编辑面"面板中的"分割边"按钮 ，系统弹出"分割边"对话框，如图 3-100 所示。分割边操作示例如图 3-101 所示。

图 3-100　"分割边"对话框

图 3-101　分割边操作示例

三、圆角开放面

使用"圆角开放面"命令，在两个面或造型之间创建圆角。

单击"曲面"选项卡"编辑面"面板中的"圆角开放面"按钮，系统弹出"圆角开放面"对话框，如图 3-102 所示。该对话框中部分选项含义如下。圆角开放面操作示例如图 3-103 所示。

图 3-102 "圆角开放面"对话框

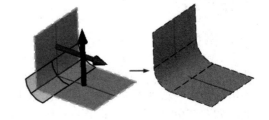

图 3-103 圆角开放面操作示例

（1）面 1/面 2：选择要倒圆角的第一/二个面或造型。图形窗口中的箭头指向的那一侧需要倒圆角。

（2）面反向：勾选该复选框，则箭头反向，也可以直接单击图形窗口中的箭头，使其反向。

（3）半径：指定圆角半径。

（4）基础面：修改支撑面，可从以下选项中选择。

1）无操作：基准面保持不变。

2）分割：沿相切的圆角边分割基准面。

3）修剪：分割并修剪基准面。

4）缝合：分割、修剪并缝合基准面。

（5）圆角面：从以下修剪圆角面的方法中选择。

1）最大：修剪圆角至面边界中宽的一边。

2）最小：修剪圆角至面边界中窄的一边。

3）相切匹配：创建与两个支撑面边界相切的桥接曲线。

任务四 茶壶设计

【任务导入】

绘制如图 3-104 所示的茶壶。

微课视频

图 3-104　茶壶

【学习目标】

（1）复习巩固双轨放样曲面和扫掠曲面的创建方法。
（2）学习 U/V 曲面、圆顶和浮雕的创建，以及拖拽基准面的方法。
（3）掌握"相交曲线""浮雕"命令的使用。

【思路分析】

在本任务中，读者需要绘制茶壶。首先，利用"U/V 曲面"命令创建壶身；其次，利用"双轨放样"命令创建壶嘴并对其进行曲面修剪；再次，利用"扫掠"命令创建扫掠曲面并对其进行曲面修剪和曲线修剪，并创建圆顶；最后，对壶身进行分割并创建浮雕。

【操作步骤】

（1）绘制草图 1。单击"造型"选项卡"基础造型"面板中的"草图"按钮，系统弹出"草图"对话框，以默认 CSYS_XY 面为草绘基准面，绘制草图 1，如图 3-105 所示。

（2）创建平面 1。单击"造型"选项卡"基准面"面板中的"基准面"按钮，系统弹出"基准面"对话框，以默认 CSYS_XY 面为参考面，偏移设置为"120mm"，单击"确定"按钮。

（3）绘制草图 2。单击"造型"选项卡"基础造型"面板中的"草图"按钮，系统弹出"草图"对话框，以平面 1 为草绘基准面，绘制草图 2，如图 3-106 所示。

（4）绘制草图 3。单击"造型"选项卡"基础造型"面板中的"草图"按钮，系统弹出"草图"对话框，以默认 CSYS_XZ 面为草绘基准面，绘制草图 3，如图 3-107 所示。

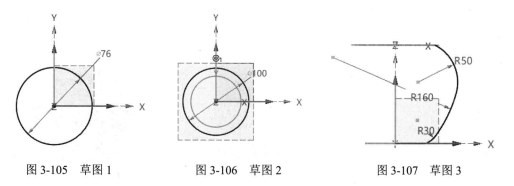

图 3-105　草图 1　　　　图 3-106　草图 2　　　　图 3-107　草图 3

（5）阵列草图 3。单击"造型"选项卡"基础编辑"面板中的"阵列几何体"按钮，系统弹出"阵列几何体"对话框，选择阵列类型为"圆形 ✿"，选择草图 3 为基体，方向选择"0，0，1"，数目设置为"4"，角度为"90deg"，如图 3-108 所示。单击"确定"按钮 ✔，阵列结果如图 3-109 所示。

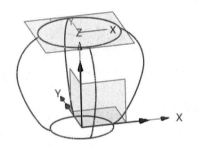

图 3-108　阵列参数设置　　　　　　　　　　图 3-109　阵列结果

（6）创建 U/V 曲面。单击"曲面"选项卡"基础面"面板中的"U/V 曲面"按钮 ▨，系统弹出"U/V 曲面"对话框，依次选择 U 方向的 4 条曲线和 V 方向的 2 条曲线，如图 3-110 所示。单击"确定"按钮 ✔，U/V 曲面如图 3-111 所示。

图 3-110　U/V 曲面参数设置　　　　　　　　图 3-111　U/V 曲面

（7）绘制草图 4。单击"造型"选项卡"基础造型"面板中的"草图"按钮 ，系统弹出"草图"对话框，以默认 CSYS_YZ 面为草绘基准面，绘制草图 4，如图 3-112 所示。

（8）绘制草图 5。单击"造型"选项卡"基础造型"面板中的"草图"按钮，系统弹出"草图"对话框，以默认 CSYS_XZ 面为草绘基准面，绘制草图 5，如图 3-113 所示。

（9）绘制草图 6。单击"造型"选项卡"基础造型"面板中的"草图"按钮，系统弹出"草图"对话框，以默认 CSYS_XZ 面为草绘基准面，绘制草图 6，如图 3-114 所示。

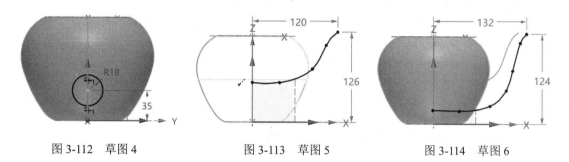

图 3-112 草图 4　　　　　图 3-113 草图 5　　　　　图 3-114 草图 6

（10）创建双轨放样曲面。单击"造型"选项卡"基础造型"面板中的"双轨放样"按钮 ，系统弹出"双轨放样"对话框，选择草图 5 为路径 1，草图 6 为路径 2，选择草图 4 为轮廓，如图 3-115 所示。单击"确定"按钮 ，双规放样曲面如图 3-116 所示。

（11）绘制草图 7。单击"造型"选项卡"基础造型"面板中的"草图"按钮，系统弹出"草图"对话框，以默认 CSYS_YZ 面为草绘基准面，绘制草图 7，如图 3-117 所示。

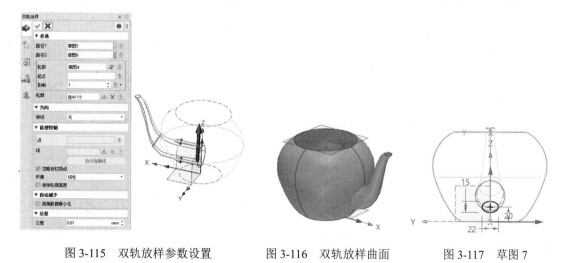

图 3-115 双轨放样参数设置　　图 3-116 双轨放样曲面　　图 3-117 草图 7

（12）绘制草图 8。单击"造型"选项卡"基础造型"面板中的"草图"按钮，系统弹出"草图"对话框，以默认 CSYS_XZ 面为草绘基准面，绘制草图 8，如图 3-118 所示。

（13）创建扫掠曲面。单击"造型"选项卡"基础造型"面板中的"扫掠"按钮，系统弹出"扫掠"对话框，选择草图 7 作为轮廓 P1，选择草图 8 作为路径 P2，布尔运算选择"基体"，轮廓封口选择开放，如图 3-119 所示。单击"确定"按钮，扫掠曲面如图 3-120 所示。

（14）曲面修剪。单击"曲面"选项卡"编辑面"面板中的"曲面修剪"按钮 ，系统弹出"曲面修剪"对话框，选择双轨放样曲面和扫掠曲面作为要修剪的面，选择 U/V 曲面作为修剪体，箭头方向如图 3-121 所示。单击"确定"按钮 ，曲面修剪结果如图 3-122 所示。

（15）隐藏平面 1。在"历史管理"管理器中选中平面 1，右击，在弹出的快捷菜单中选择"隐藏"命令，即可隐藏平面 1。

（16）创建相交曲线。单击"线框"选项卡"曲线"面板中的"相交曲线"按钮 ，系统弹出"相交曲线"对话框，选择 U/V 曲面作为第一实体，选择双轨放样曲面作为第二实体，如图 3-123 所示。单击"确定"按钮 ，创建相交曲线。

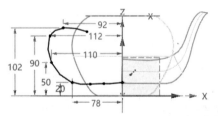

图 3-118　草图 8　　　　　　　图 3-119　扫掠参数设置　　　　　图 3-120　扫掠曲面

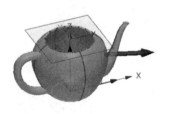

图 3-121　箭头方向　　　　图 3-122　曲面修剪结果　　　　图 3-123　相交曲线参数设置

（17）曲线修剪。单击"曲面"选项卡"编辑面"面板中的"曲线修剪"按钮 ，系统弹出"曲线修剪"对话框，选择 U/V 曲面作为要修剪的面，选择上一步创建的相交曲线，在曲线外面任意位置单击选择要保留的部分，如图 3-124 所示。投影选择"面法向"，单击"确定"按钮 ，曲面修剪结果如图 3-125 所示。

（18）创建圆顶。单击"曲面"选项卡"基础面"面板中的"圆顶"按钮，系统弹出"圆顶"对话框，选择图 3-126 所示的边界，高度设置为"3mm"，单击"确定"按钮，创建的圆顶如图 3-127 所示。

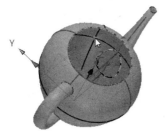

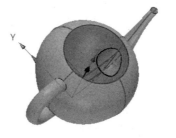
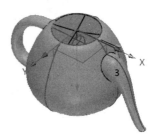

图 3-124　选择要保留的部分　　　图 3-125　曲面修剪结果　　　图 3-126　选择边界

（19）反转曲面方向。单击"曲面"选项卡"编辑面"面板中的"反转曲面方向"按钮，系统弹出"反转曲面方向"对话框，选择圆顶面，单击"确定"按钮，如图 3-128 所示。

（20）创建平面 2。单击"造型"选项卡"基准面"面板中的"基准面"按钮，系统弹出"基准面"对话框，以默认 CSYS_XY 面为参考面，偏移设置为"60mm"，单击"确定"按钮，平面 2 如图 3-129 所示。

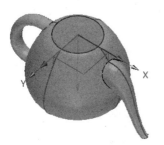
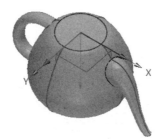
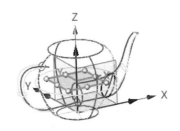

图 3-127　创建的圆顶　　　图 3-128　反转曲面方向　　　图 3-129　平面 2

（21）拖拽基准面。单击"造型"选项卡"基准面"面板中的"拖拽基准面"按钮，系统弹出"拖拽基准面"对话框，选中平面 2，拖动控制点将平面放大，放大的基准面如图 3-130 所示。

（22）曲面分割。单击"曲面"选项卡"编辑面"面板中的"曲面分割"按钮，系统弹出"曲面分割"对话框，选择扫掠曲面作为要修剪的面，选择平面 2 为分割平面，单击"确定"按钮，曲面分割结果如图 3-131 所示。

（23）创建圆角 1。单击"曲面"选项卡"编辑面"面板中的"圆角开放面"按钮，系统弹出"圆角开放面"对话框，选择 U/V 曲面作为面 1，选择扫掠曲面的下半部分作为面 2，设置半径为"5mm"，在"设置"选项组中设置基础面为"缝合"，圆角面设置为"最大"，单击"确定"按钮，圆角 1 如图 3-132 所示。

（24）创建圆角 2。重复执行"圆角开放面"命令，选择 U/V 曲面作为面 1，选择扫掠曲面的上半部分作为面 2，设置半径为"5mm"，在"设置"选项组中设置基础面为"缝合"，圆角面设置为"最大"，圆角 2 如图 3-133 所示。

| 图 3-130　放大的基准面 | 图 3-131　曲面分割结果 | 图 3-132　圆角 1 |

（25）创建圆角 3。重复执行"圆角开放面"命令，选择 U/V 曲面作为面 1，选择双轨放样曲面作为面 2，设置半径为"5mm"，在"设置"选项组中设置基础面为"缝合"，圆角面设置为"最大"，圆角 3 如图 3-134 所示。

（26）加厚曲面。单击"造型"选项卡"编辑模型"面板中的"加厚"按钮 🪨，系统弹出"加厚"对话框，选择茶壶造型，选中"单侧"单选按钮，如图 3-135 所示。单击"确定"按钮 ✔，加厚结果如图 3-136 所示。

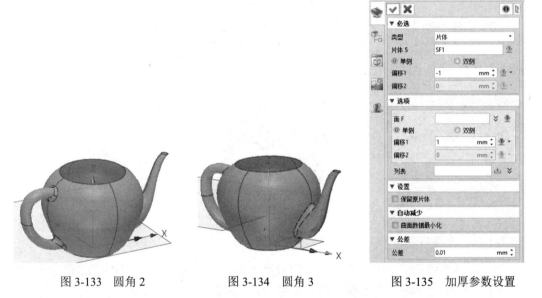

| 图 3-133　圆角 2 | 图 3-134　圆角 3 | 图 3-135　加厚参数设置 |

（27）绘制草图 9。单击"造型"选项卡"基础造型"面板中的"草图"按钮 ✎，系统弹出"草图"对话框，以默认 CSYS_XZ 面为草绘基准面，在壶嘴位置绘制草图 9，如图 3-137 所示。

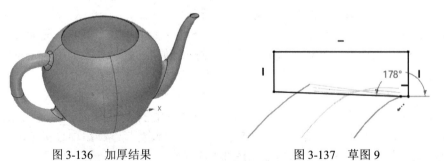

| 图 3-136　加厚结果 | 图 3-137　草图 9 |

（28）创建拉伸切除特征。单击"造型"选项卡"基础造型"面板中的"拉伸"按钮，系统弹出"拉伸"对话框，轮廓选择草图 9，拉伸类型选择"对称"，结束点设置为"15mm"，布尔运算选择"减运算"，布尔造型选择茶壶造型，轮廓封口选择"两端"，单击"确定"按钮，拉伸切除结果如图 3-138 所示。

（29）隐藏草图和平面。单击 DA 工具栏中的"隐藏"按钮，在选择工具栏的"过滤器列表"中选择草图，然后在绘图区框选所有草图，将其隐藏。使用同样的方法，选择平面将其隐藏。

（30）曲面分割。单击"曲面"选项卡"编辑面"面板中的"曲面分割"按钮，系统弹出"曲面分割"对话框，选择茶壶造型作为要分割的面，选择 XZ 面为分割平面，单击"确定"按钮，曲面分割结果如图 3-139 所示。

（31）创建浮雕 1。单击"曲面"选项卡"编辑面"面板中的"浮雕"按钮，选择面，系统弹出"浮雕"对话框和"选择文件"对话框，选择原始文件中的"图 5"，然后选择图 3-140 所示的面 1。宽度设置为"240mm"，勾选"匹配面法向"复选框、"贴图纹理显示"复选框和"嵌入图像文件"复选框，浮雕 1 如图 3-141 所示。

图 3-138 拉伸切除结果　　　图 3-139 曲面分割结果　　　图 3-140 面 1

（32）创建浮雕 2。使用同样的方法，选择原始文件中的"图 7"，选择另一个分割面，浮雕 2 如图 3-142 所示。

图 3-141 浮雕 1　　　　　　图 3-142 浮雕 2

【知识拓展】

一、U/V 曲面

使用"U/V 曲面"命令，通过桥接所有的 U 曲线和 V 曲线组成的网格，创建一个面。这些曲线可以为草图、线框曲线或面边线。这些曲线必须相交，但它们的终点可以不相交。

单击"曲面"选项卡"基础面"面板中的"U/V 曲面"按钮，系统弹出"U/V 曲面"对话框，如图 3-143 所示。该对话框中部分选项含义如下。

（1）曲线段：分别选择 U 曲线和 V 曲线的曲线段。单击鼠标中键，则该线段被键入曲线列表中。

（2）U 曲线、V 曲线：先在 U 方向选择曲线列表，然后在 V 方向选择曲线列表。当选择曲线时，选取靠近曲线结束端的点，表示方向相同。结束曲线支持分型线。

（3）不相连曲线段作为新的 U/V 线：默认勾选此复选框，当下一个曲线选择是一个完全不相连的不相交的曲线时，系统会自动开始一个新的曲线列表。

（4）应用到所有：若勾选该复选框，则修改其中一个边界的连续方式时，其他 3 个边界会同时修改。

（5）起始（结束）U/V 边界：设置边界边线与连接的边和面相切和/或连续。连续方式可选择 G0、G1、G2 或法向。当选择 G1 或 G2 时，需要设置与边界相接的面和权重。

（6）拟合公差：为拟合曲线指定公差。

（7）间隙公差：为拼接曲线指定公差。

（8）延伸到交点：勾选该复选框，则当所有曲线在一个方向相交于一点时，曲面会延伸到相交点而不是终止在最后一条相交曲线。

U/V 曲面操作示例如图 3-144 所示。

图 3-143　"U/V 曲面"对话框　　　　图 3-144　U/V 曲面操作示例

二、相交曲线

使用"相交曲线"命令，在两个或多个面、开放造型或实体的相交处，创建一条或多条曲线。

单击"线框"选项卡"曲线"面板中的"相交曲线"按钮，弹出"相交曲线"对话框，如图 3-145 所示。相交曲线操作示例如图 3-146 所示。

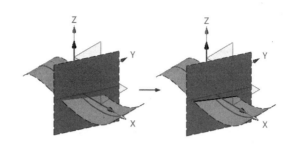

图 3-145　"相交曲线"对话框　　　　图 3-146　相交曲线操作示例

三、圆顶

使用"圆顶"命令从轮廓创建一个圆顶曲面。

单击"曲面"选项卡"基础面"面板中的"圆顶"按钮，系统弹出"圆顶"对话框，如图 3-147 所示。该对话框中提供了 3 种创建圆顶的方法，具体说明如下。

图 3-147　"圆顶"对话框

（1）光滑闭合圆顶：此方法的结果类似于"N 边形面"命令。当为光滑边界的轮廓创建圆顶时，使用该方法最佳，操作示例如图 3-148（a）所示。

1）边界 B：选择一个基础轮廓定义该圆顶。该轮廓可以为草图、曲线、面边界或曲线列表。

2）高度 H：输入冠顶高度。

3）方向：为圆顶指定一个方向。

4）位置：为圆顶指定一个位置。

5）连续方式：定义圆顶如何与配对边缘面相连。

① 无：不连续。

② 相切：圆顶与配对边缘面相切，此时可设置相切系数。

③ 曲率：圆顶与配对边缘面相切，且曲率连续。

6）横穿边线/在方向上：决定放样应该如何横穿轮廓边界。

（2）FEM 圆顶：该方法的结果类似于"FEM 面"命令。当使用该方法时，"连续方式"选项和"相切系数"滑块不能使用。当为由直线和弧线组成的轮廓创建圆顶时，使用该方法最佳，操作示例如图 3-148（b）所示。

（3）角部圆顶：该方法创建圆顶时为三曲线放样，而不是单一放样到一个点，操作示例如图 3-148（c）所示。

1）冠顶：定义圆顶的顶部冠顶如何与圆顶侧墙相连。

2）优化连续方式：若勾选该复选框，则使该圆顶特征尽量与所选轮廓保持曲率连续。

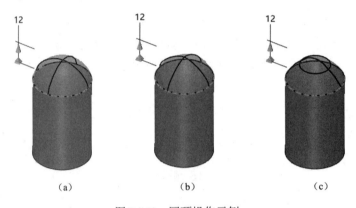

（a）　　　　　　　　（b）　　　　　　　　（c）

图 3-148　圆顶操作示例

四、浮雕

单击"曲面"选项卡"编辑面"面板中的"浮雕"按钮，系统弹出"浮雕"对话框和"选择文件"对话框，如图 3-149 和图 3-150 所示。

图 3-149　"浮雕"对话框

浮雕对话框中提供了两种创建浮雕的方法，具体说明如下。

（1）基于UV的映射 ：基于所选面的U和V空间参数来映射图像。这项技术适用于相对较平的面。基于UV的映射浮雕操作示例如图3-151所示。

1）文件名：输入要浮雕的文件的文件名（GIF、JPEG、TIFF等格式）。

2）面：选择要进行浮雕操作的面。

图3-150　"选择文件"对话框

3）最大偏移：输入被浮雕文件的最大偏移量值。负值表示所选图片上黑色图案高于白色图案的高度值，正值表示所选图片上白色图案高于黑色图案的高度值。

4）宽度：输入浮雕的宽度或单击鼠标中键使图片位于面的参数空间内。

5）匹配面法向：勾选该复选框，浮雕的正方向（即高度）则会对应到面的法向量方向（即它的外侧）。

6）原点：定位浮雕文件的中心。默认情况下，图像置中，并被调整到面的参数空间里。

图3-151　基于UV的映射浮雕操作示例

7）旋转：指定浮雕图像从所选择面的U参数方向的旋转程度。

8）分辨率：指定一个大概的控制点距离值（浮雕分辨率）。这个值对显示速度有直接的影响。分辨率的值越小，显示所需要的时间就越长。

9）贴图纹理显示：勾选该复选框，则会把源文件作为纹理映射到面上。

10）嵌入图像文件：勾选该复选框，则会将源文件融合进当前激活的零件。这样，即使原先的文件丢失或被删了，也能保证激活的零件能够正确地重新生成。

（2）基于角度的映射 ：基于面的正切角度来映射图像。这项技术适用于弯曲的和圆形的面。

1）缠绕：输入以度数为单位的包角值。

2）方向：选择所需的朝向（即"0"或"180"）。"180"代表图像会在弯曲面或圆柱面的参数空间上，基于它的原点旋转180度。

3）宽高比：输入基于源文件的比例（即高宽比）。值1代表图像看起来和源图像一样。

项目四

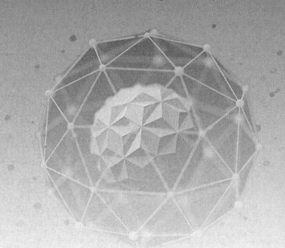

装配与动画

【项目描述】

本项目通过设计 4 个任务，旨在教授装配方法，探讨组件插入的常用技巧，以及组件管理等基本操作。

任务一以化妆品盒为例，采用自顶向下的装配方法。这种方法通过在装配文件下新建组件，在该文件中生成或插入各个组件。这种方法允许设计师从一个宏观的角度出发，先确定产品的整体结构和布局，然后逐步细化到具体的零件，有助于更好地控制设计的整体性和一致性。

任务二是制动器装配与爆炸。该任务采用自底向上的方法进行装配，主要是通过插入已有的组件来进行装配，并在装配过程中运用各种约束命令建立起零件之间的相互关系和约束，最终形成一个完整的装配体。装配完成后，该任务还更深层次地介绍了爆炸图的创建。

任务三的核心目标是创建机用虎钳的动画。在这个任务中，将深入探讨动画制作的各个层面，包括关键帧、参数和相机位置、马达、运动轨迹线等参数的设置，让读者全面掌握装配和动画的创建过程，为进一步的设计工作打下坚实的基础。

任务四是变速箱装配与动画。在这个任务中，进一步掌握自底向上的装配方法和插入组件工具的使用及动画的制作，重点进行机械约束的学习。机械约束是定义零件之间相互关系的重要手段，它可以帮助确保装配体的正确运动和行为。

通过对这 4 个任务的学习，重点掌握装配的思路，以及熟练掌握中望 3D 软件中常用的装配命令。这样，将能够熟练地应用所学知识，对零件模型进行装配。

【素养提升】

通过学习装配相关知识，能够理解复杂系统中各部分之间的关系，强化整体观念和协调性；提升团队协作与沟通能力，强调团队合作的重要性，结合多媒体技术，提高技术应用能力和跨媒介工作能力；全面提升专业素养、创新能力、团队合作精神、责任意识、质量意识和社会适应能力。

微课视频

任务一　化妆品盒

【任务导入】

绘制如图 4-1 所示的化妆品盒，学习自顶向下的装配方法。

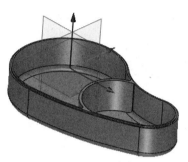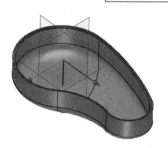

图 4-1　化妆品盒

【学习目标】

（1）学习自顶向下的装配方法、新建装配文件。
（2）掌握"插入新建组件"命令的使用。
（3）复习巩固实体造型与曲面造型及编辑命令的使用。

【思路分析】

在本任务中，读者需要创建化妆品盒。首先新建装配文件，然后在装配文件下创建上盖和底座，最后分别利用实体造型和曲面造型命令创建实体和曲面并对其进行编辑。

【操作步骤】

（1）配置设置。选择"实用工具"菜单中的"配置"命令，系统弹出"配置"对话框，取消勾选"单文件单对象（新建文件）"复选框，单击"确认"按钮。

说明：

若勾选"单文件单对象（新建文件）"复选框，则在创建非多对象文件时系统会要求每个文件只能有一个对象。若取消勾选，则可创建多对象文件。

（2）新建文件。单击快速访问工具栏中的"新建"按钮，系统弹出"新建文件"对话框，选择"零件/装配"选项，设置文件名称为"化妆品盒子"，单击"确认"按钮，进入零件设计界面。

（3）插入新建组件。单击"装配"选项卡"组件"面板中的"插入新建组件"按钮，系统弹出"插入新建组件"对话框，设置零件名称为"主体控制"，如图 4-2 所示。单击"确定"按钮，生成"主体控制"组件，如图 4-3 所示。使用同样的方法，插入"上盖"和"底座"组件。

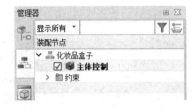

图 4-2　设置零件名称为"主体控制"　　　　图 4-3　生成"主体控制"组件

（4）绘制草图 1。双击"主体控制"组件，将其激活。单击"造型"选项卡"基础造型"面板中的"草图"按钮，系统弹出"草图"对话框，在绘图区选择默认 CSYS_XY 面作为草绘基准面，单击"确定"按钮，进入草图环境，绘制草图 1，如图 4-4 所示。

（5）创建拉伸基体。单击"造型"选项卡"基础造型"面板中的"拉伸"按钮，系统弹出"拉伸"对话框，选择草图 1，拉伸类型设置为"2 边"，起始点 S 设置为"−25mm"，结束点 E 设置为"15mm"，轮廓封口选择"两端封闭"，如图 4-5 所示。单击"确定"按钮，拉伸基体如图 4-6 所示。单击 DA 工具栏中的"退出"按钮，退出"主体控制"组件编辑。

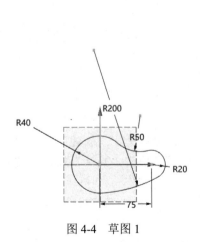

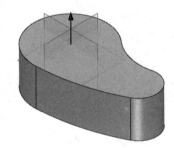

图 4-4　草图 1　　　　　　图 4-5　拉伸参数设置　　　　　图 4-6　拉伸基体

（6）创建参考。双击"上盖"组件，将其激活。单击"装配"选项卡"参考"面板中的"参考"按钮，选择"造型"选项，然后在绘图区选择拉伸基体。使用同样的方法，创建底座参考。

（7）修剪上盖。双击"上盖"组件，进入编辑状态。单击"造型"选项卡"编辑模型"面板中的"修剪"按钮，系统弹出"修剪"对话框，选择参考实体作为基体 B，选择默认 CSYS_XY 面作为修剪面 T，如图 4-7 所示。单击"确定"按钮，修剪上盖结果如图 4-8 所示。

图 4-7　"修剪"对话框

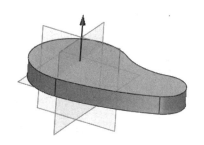

图 4-8　修剪上盖结果

（8）删除面。选择上盖顶面进行删除，如图 4-9 所示。

（9）创建圆顶。单击"曲面"选项卡"基础面"面板中的"圆顶"按钮，系统弹出"圆顶"对话框，单击"边界 B"后面的"下拉"按钮，在弹出的下拉菜单中选择"插入曲线列表"命令，如图 4-10 所示。系统弹出"曲线列表"对话框，选择图 4-11 所示的曲面边线，单击"确定"按钮，返回"圆顶"对话框，高度设置为"12mm"，连续方式设置为"相切"，单击"确定"按钮，圆顶如图 4-12 所示。

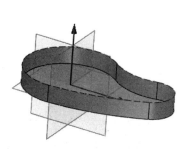

图 4-9　删除面

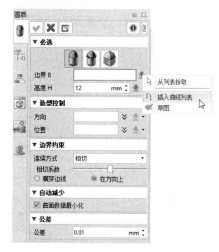

图 4-10　选择"插入曲线列表"命令

（10）创建抽壳。单击"造型"选项卡"编辑模型"面板中的"抽壳"按钮，系统弹出"抽壳"对话框，选择实体，设置抽壳厚度 T 为"−2mm"，选择底面为开放面，如图 4-13 所示。单击"确定"按钮，抽壳结果如图 4-14 所示。

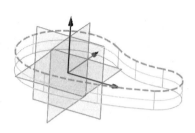

图 4-11　选择曲面边线

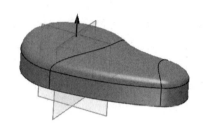

图 4-12　圆顶

图 4-13　抽壳参数设置

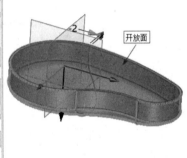

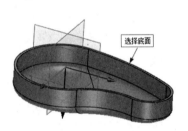

图 4-14　抽壳结果

（11）创建面偏移。单击"造型"选项卡"编辑模型"面板中的"面偏移"按钮 ，
系统弹出"面偏移"对话框，选择上盖的底面，如图 4-14 所示。设置偏移 T 距离为"1mm"，
如图 4-15 所示。

（12）创建唇缘。单击"造型"选项卡"编辑模型"面板中的"唇缘"按钮，系统
弹出"唇缘"对话框，在选择工具栏中的"过滤器列表"中选择"边"，选择图 4-16 所
示的边和面，偏移距离均设置为"-1mm"，创建唇缘如图 4-17 所示。

图 4-15　面偏移参数设置

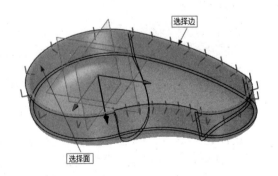

图 4-16　选择边和面

（13）修剪底座。双击"底座"组件，进入编辑状态。单击"造型"选项卡"编辑模型"面板中的"修剪"按钮🔲，系统弹出"修剪"对话框，选择参考实体作为基体，选择默认 CSYS_XY 面作为修剪面，单击"确定"按钮✔️，修剪结果如图 4-18 所示。

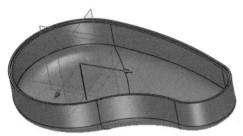
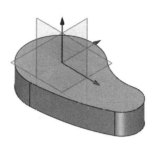

图 4-17 创建唇缘   图 4-18 修剪结果

（14）创建圆角。单击"造型"选项卡"工程特征"面板中的"圆角"按钮🔲，系统弹出"圆角"对话框，选择图 4-19 所示的边创建圆角，半径设置为"5mm"。

（15）创建抽壳。单击"造型"选项卡"编辑模型"面板中的"抽壳"按钮🔲，系统弹出"抽壳"对话框，选择实体，设置抽壳厚度 T 为"−2mm"，选择顶面为开放面 O，如图 4-20 所示。单击"确定"按钮✔️，抽壳结果如图 4-21 所示。

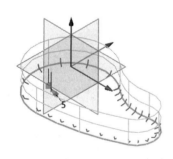

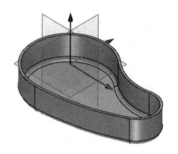

图 4-19 边创建圆角   图 4-20 选择开放面 O   图 4-21 抽壳结果

（16）绘制草图。单击"造型"选项卡"基础造型"面板中的"草图"按钮✏️，系统弹出"草图"对话框，在绘图区选择底座的顶面作为草绘基准面，单击"确定"按钮✔️，进入草图环境。绘制草图，如图 4-22 所示。

（17）创建拉伸实体。单击"造型"选项卡"基础造型"面板中的"拉伸"按钮🔲，系统弹出"拉伸"对话框，选择上一步绘制的草图，拉伸类型设置为"1 边"，结束点 E 设置为"−23mm"，布尔运算选择"加运算"，轮廓封口选择"两端封闭"，单击"确定"按钮✔️，拉伸实体如图 4-23 所示。

（18）创建圆角。单击"造型"选项卡"工程特征"面板中的"圆角"按钮🔲，系统弹出"圆角"对话框，选择图 4-24 所示的边创建圆角，半径设置为"1mm"。

（19）创建唇缘。单击"造型"选项卡"编辑模型"面板中的"唇缘"按钮🔲，系统弹出"唇缘"对话框，在选择工具栏中的"过滤器列表"中选择"边"，选择图 4-25 所示的边和面，偏移距离均设置为"−1mm"，创建唇缘如图 4-26 所示。

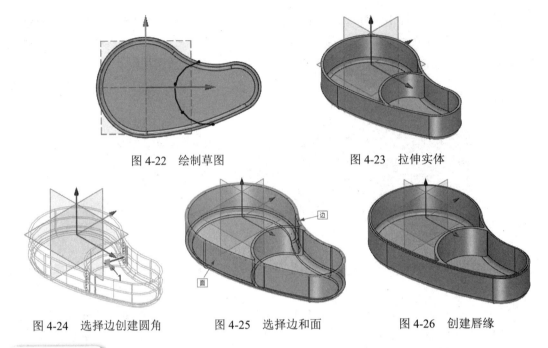

图 4-22　绘制草图　　　　　　　　　　图 4-23　拉伸实体

图 4-24　选择边创建圆角　　　图 4-25　选择边和面　　　图 4-26　创建唇缘

【知识拓展】

一、装配方法

通常来说，装配分为自底向上装配和自顶向下装配两种。在自底向上装配中，需要先完成全部的零件设计，然后将零件作为组件添加进装配。在自顶向下装配中，则先完成装配体设计，然后根据产品装配体外形去设计相关联的零件。这两种方法可以在不同的场景下满足不同的设计需求，以下为这两种方法的详细介绍。

1. 自底向上装配

自底向上装配是最常用的设计方法，同时也是最传统的装配设计方式。自底向上装配示意图如图 4-27 所示。因为所有的组件是各自独立的，所以当对组件进行任何修改时将不会影响其他的组件。此外，在自底向上装配中，组件之间的关系以及修改过后的模型更加容易被管理。如果所有的组件已经被设计好并且处于可以被使用的状态，则自底向上装配更加合适。

图 4-27　自底向上装配示意图

2. 自顶向下装配

自顶向下装配是一种关联设计方法，从产品的顶层开始通过在装配过程中同时设计零件结构来完成整个装配产品设计。在设计顶层先构造出一个"基本骨架"（装配结构），随后的设计过程基本上都在这个基本骨架的基础上进行复制、修改、细化、完善并最终完成整个设计过程。自顶向下装配示意图如图 4-28 所示。

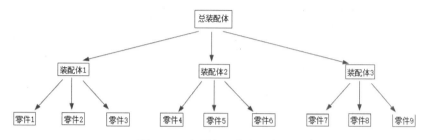

图 4-28　自顶向下装配示意图

　　自顶向下装配过程中，如果驱动几何和参数发生了变化，则相关联的组件也会被影响。在 CAD 软件中，关联更新可以自动完成。在包含关联设计的装配设计中或者在产品的研发过程中，自顶向下装配是更加合适的选择。在中望 3D 中，用户除可选择自底向上和自顶向下两种装配方法外，还可根据具体的设计目标选择两种方法相结合的复合型方法。

二、新建装配文件

　　在开始新的装配设计之前，可以创建一个新的装配文件，或者在已有的文件中（如.Z3 文件）创建一个新的装配，然后在装配文件中进行装配工作。具体操作如下。

　　选择"实用工具"菜单中的"配置"命令，系统弹出"配置"对话框，勾选"单文件单对象（新建文件）"复选框，单击"确认"按钮。此时，单击快速访问工具栏中的"新建"按钮，或者单击快速访问工具栏中的"新建"按钮，系统弹出"新建文件"对话框，在"类型"列表框中选择"装配"，在"子类"列表中选择"标准"，如图 4-29（a）所示。单击"确认"按钮，进入装配界面。

　　当取消勾选"单文件单对象（新建文件）"复选框时，执行"新建"命令，系统弹出的"新建文件"对话框如图 4-29（b）所示。

（a）　　　　　　　　　　　　　　　　（b）

图 4-29　"新建文件"对话框

三、插入新建组件

单击"装配"选项卡"组件"面板中的"插入新建组件"按钮🐾，或者在绘图区空白部分右击，在弹出的快捷菜单中选择"插入新建组件"命令，系统弹出"插入新建组件"对话框如图 4-30 所示。该对话框中部分选项的含义如下。

图 4-30 "插入新建组件"对话框

（1）名称：指定新建文件的名称。中望 3D 默认会为新文件指定一个可用的名称，也可以自定义该名称。可选类型包括零件（.Z3PRT/Standard）、装配（.Z3ASM/Standard）、ECAD（.Z3ASM/ECAD）、管路（.Z3ASM/Routing）、钣金（.Z3PRT/Sheet Metal）以及布局（.Z3PRT/Master Layout）。

（2）模板：选择新建文件的绘图模板。

（3）类型：可选择点、激活坐标、默认坐标、面/基准和坐标 5 种类型。

1）点：当选择该选项时，一次只可插入一个组件，提供重合约束，但选择的插入点必须是在实体上，如点、边/线、面等，否则无法附加此约束。

2）激活坐标：当选择该选项时，会在当前激活坐标处插入组件。

3）默认坐标：当选择该选项时，会在默认坐标处插入组件，并且提供坐标约束。

4）面/基准：当选择该选项时，提供重合约束，插入选择类型必须是面/基准。

5）坐标：当选择该选项时，提供基准面的坐标约束，必须选择基准面插入新组件，其他类型将无法附加此约束。

任务二　制动器装配与爆炸

【任务导入】

采用自底向上的方法完成制动器的装配，制动器如图 4-31 所示。

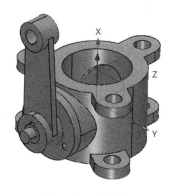

微课视频

图 4-31　制动器

【学习目标】

（1）学习插入组件工具和"约束"命令的使用。

（2）掌握爆炸图的创建以及爆炸视频的创建。

【思路分析】

在本任务中，读者需要完成制动器的装配，首先插入阀体组件并进行固定约束，然后依次插入各个组件并进行相关约束，最后创建爆炸图及爆炸视频。

【操作步骤】

（1）新建文件。单击快速访问工具栏中的"新建"按钮，系统弹出"新建文件"对话框，在"类型"列表框中选择"装配"，在"子类"列表中选择"标准"，单击"确认"按钮，进入装配界面。

（2）插入阀体。单击"装配"选项卡"组件"面板中的"插入"按钮，系统弹出"打开"对话框，选择"fati"组件进行装配，单击"打开"按钮，系统弹出"插入"对话框，放置类型选择"默认坐标"，勾选"固定组件"复选框，如图 4-32 所示。单击"确定"按钮，阀体插入完成，如图 4-33 所示。

（3）插入轴。单击"装配"选项卡"组件"面板中的"插入"按钮，系统弹出"打开"对话框，选择"zhou"组件，单击"打开"按钮，系统弹出"插入"对话框，放置类型选择"点"，在绘图区适当位置单击放置轴，取消勾选"固定组件"复选框，单击"确定"按钮，系统弹出"编辑约束"对话框，关闭对话框。

（4）插入盘。单击"装配"选项卡"组件"面板中的"插入"按钮，系统弹出"打开"对话框，选择"pan"组件，单击"打开"按钮，系统弹出"插入"对话框，放置类型选择"点"，在绘图区适当位置单击放置盘。单击"确定"按钮，系统弹出"编辑约束"对话框，选择图 4-34 所示的面 1 和面 2 进行重合约束；然后选择轴上的孔与盘上的孔进行同心约束。轴与盘约束如图 4-35 所示。

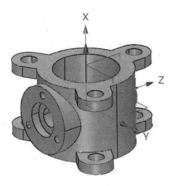

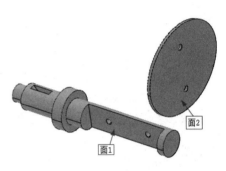

图 4-32　插入阀体参数设置　　　　图 4-33　阀体　　　　　　图 4-34　选择面

（5）创建约束。单击"装配"选项卡"约束"面板中的"约束"按钮，系统弹出"约束"对话框，选择图 4-36 所示的轴的外圆柱面和阀体的凸台孔圆柱面进行同心约束，再选择图 4-37 所示的轴肩端面和台阶孔端面进行重合约束，装配轴和盘结果如图 4-38 所示。

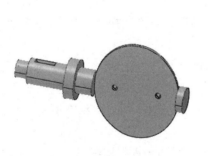

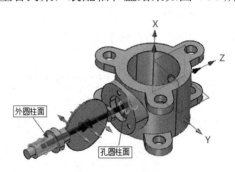

图 4-35　轴与盘约束　　　　　　　　图 4-36　选择约束面（一）

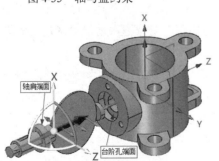

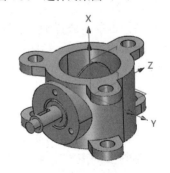

图 4-37　选择约束面（二）　　　　　　图 4-38　装配轴和盘结果

（6）插入键。单击"装配"选项卡"组件"面板中的"插入"按钮🖐，系统弹出"插入"对话框，选择"jian"组件，放置类型选择"点"，在绘图区适当位置单击放置键，如图 4-39 所示。单击"确定"按钮✔，系统弹出"编辑约束"对话框，选择键的侧面和键槽侧面进行重合约束，如有必要，可通过"反向"按钮调整约束方向；选择键的圆柱面和键槽的圆柱孔面进行同心约束。插入键结果如图 4-40 所示。

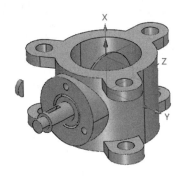

图 4-39　插入键

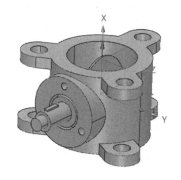

图 4-40　插入键结果

（7）插入挡板。单击"装配"选项卡"组件"面板中的"插入"按钮🖐，系统弹出"插入"对话框，选择"dangban"组件，放置类型选择"点"，在绘图区适当位置单击放置挡板。单击"确定"按钮✔，系统弹出"编辑约束"对话框，选择图 4-41 所示的挡板的端面和阀体的凸台端面进行重合约束；再选择挡板的一个小孔与阀体凸台端面上的一个小孔进行同心约束；最后选择挡板的内孔表面与轴的外圆柱面进行同心约束。插入挡板结果如图 4-42 所示。

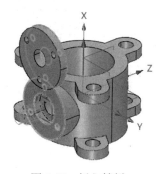

图 4-41　插入档板

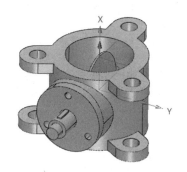

图 4-42　插入挡板结果

（8）插入臂。单击"装配"选项卡"组件"面板中的"插入"按钮🖐，系统弹出"插入"对话框，选择"bi"组件，放置类型选择"点"，在绘图区适当位置单击放置臂。单击"确定"按钮✔，系统弹出"编辑约束"对话框，选择臂的内孔面与轴的外圆柱面进行同心约束；再选择图 4-43 所示的键的上端面和臂上键槽的底面进行平行约束；最后选择图 4-44 所示的挡板端面和臂端面进行重合约束。插入臂结果如图 4-45 所示。

（9）新建爆炸视图。单击"装配"选项卡"爆炸视图"面板中的"爆炸视图"按钮🗲，系统弹出"爆炸视图"对话框，配置选择"默认"，爆炸视图选择"新建"，名称为"爆炸视图 1"，单击"确定"按钮✔，系统切换至"爆炸视图"选项卡。

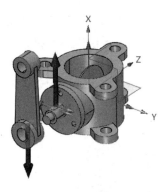
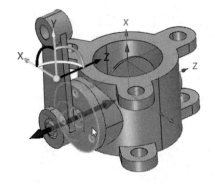
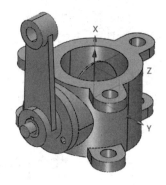

图 4-43　插入臂　　　　　　图 4-44　选择端面　　　　　　图 4-45　插入臂结果

（10）创建自动爆炸视图。单击"爆炸视图"选项卡"爆炸视图"面板中的"自动爆炸"按钮，系统弹出"自动爆炸"对话框，框选所有实体，设置爆炸方向为-Z 轴（0,0,-1），距离设置为"20mm"，勾选"爆炸子装配零件"复选框，勾选"添加轨迹线"复选框，如图 4-46 所示。单击"确定"按钮，生成自动爆炸视图，如图 4-47 所示。

（11）添加爆炸步骤 1。单击"爆炸视图"选项卡"爆炸视图"面板中的"添加爆炸步骤"按钮，系统弹出"添加爆炸步骤"对话框，选择"平移爆炸"选项，选择"bi"组件，如图 4-48 所示。选择 Z 轴，按住鼠标左键沿-Z 轴方向拖动组件，如图 4-49 所示。单击"应用"按钮，臂移动完成。

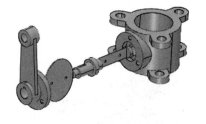

图 4-46　"自动爆炸"对话框　　　　　　图 4-47　自动爆炸视图

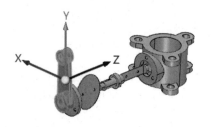
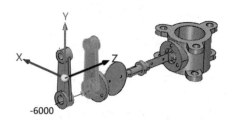

图 4-48　选择"bi"组件　　　　　　图 4-49　拖动"bi"组件

（12）添加爆炸步骤 2。单击"爆炸视图"选项卡"爆炸视图"面板中的"添加爆炸步骤"按钮，系统弹出"添加爆炸步骤"对话框，选择"平移爆炸"选项，选择"jian"组件，如图 4-50 所示。选择 Z 轴，按住鼠标左键沿 Z 轴方向拖动组件，如图 4-51 所示。单击"应用"按钮，键移动完成。

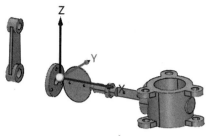

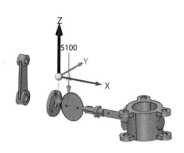

图 4-50 选择"jian"组件　　　　　　图 4-51 拖动"jian"组件

（13）创建爆炸视频：单击"爆炸视图"选项卡"爆炸视图"面板中的"爆炸视频"按钮，系统弹出"爆炸视频"对话框，选择"爆炸视图 1"为要保存的爆炸视图，勾选"保存爆炸过程"复选框和"保存折叠过程"复选框，如图 4-52 所示。单击"确定"按钮，系统弹出"选择文件"对话框，设置保存路径，保存名称为"制动器装配爆炸视频"，单击"保存"按钮，进行视频保存，保存完成之后，系统弹出"ZW3D"对话框，如图 4-53 所示。单击"确认"按钮，视频保存完成。此时，在"爆炸步骤"管理器中显示爆炸视图及步骤，如图 4-54 所示。

图 4-52 "爆炸视频"对话框　　　　图 4-53 "ZW3D"对话框

（14）单击 DA 工具栏中的"退出"按钮，退出爆炸视图界面，保存的视频会被保存在指定的目录下，如图 4-55 所示。双击保存的视频即可进行播放。

图 4-54 "爆炸步骤"管理器　　　　　图 4-55 保存的视频

【知识拓展】

一、插入组件工具

在中望 3D 中，有 2 种方法插入现有组件：插入单个组件和插入多个组件。

1．插入单个组件

单击"装配"选项卡"组件"面板中的"插入"按钮 ，或者在绘图区空白部分右击，在弹出的快捷菜单中选择"插入组件"命令，系统"打开"对话框，在"打开"对话框中选择文件，单击"打开"按钮，打开的文件将在"插入"对话框的列表框中显示，如图 4-56 所示。该对话框中部分选项的含义如下。

图 4-56 "插入"对话框

（1）文件/零件。

1）"文件/零件"选项组中有 3 个列表框。

第一个列表框用来显示文件名称。单击其后的"打开"按钮 ，系统弹出"打开"对话框，选择要加载的文件。

第二个列表框用来进行零部件搜索。

第三个列表框用于显示所有零件。

2）预览：为所选零件设置预览模式。

3）零件配置：指定插入的组件所使用的零件配置。

（2）放置。

1）类型：可选择点、多点、自动孔对齐、布局、激活坐标、默认坐标、面/基准和坐标等 8 种类型。

① 点：当选择该选项时，一次只可插入一个组件，提供重合约束，但选择的插入点必须是在实体上，如点、边/线、面等，否则无法附加此约束。

② 多点：当选择该选项时，可以一次性插入多个组件，提供重合约束，但选择的插入

点必须是在实体上，如点、边/线、面等，否则无法附加此约束。

③ 自动孔对齐：选择该选项时，根据孔的位置自动插入组件。只有经过装配预定义的组件，才会提供约束，约束类型跟预定义的类型一致。

④ 布局：当选择该选项时，可以以圆弧或线性布局插入一个或多个组件。

⑤ 激活坐标：当选择该选项时，会在当前激活坐标处插入组件。

⑥ 默认坐标：当选择该选项时，会在默认坐标处插入组件，并且提供坐标约束。

⑦ 面/基准：当选择该选项时，提供重合约束，插入选择类型必须是面/基准。

⑧ 坐标：当选择该选项时，提供基准面的坐标约束，必须选择基准面插入新组件，其他类型将无法附加此约束。

2）位置：选择"类型"为"点"和"多点"时，拾取插入点。

3）面/基准：定义一个面/基准，用于添加重合/平行约束。

4）显示基准面：勾选该复选框，则显示基准面。

5）对齐组件：勾选该复选框，则在插入组件时直接在插入位置附加重合约束。

6）方向：可使用下面的按钮调整组件插入的方向。

① 重置：取消"XYZ""反转"和"旋转"3 个定向按钮的设置，恢复组件的初始状态。

② XYZ：确定使用插入组件的 X、Y、Z 3 个轴中的哪一个来和当前装配的 Z 轴进行对齐。默认使用 Z 轴。单击该按钮，将在 X、Y、Z 3 个轴之间循环选择。

③ 反转：基于当前组件的对齐轴，进行反向。

④ 旋转：在当前对齐轴所在平面对插入组件进行 90 度的循环旋转。

（3）实例。

1）复制零件：勾选该复选框，当创建原零件的一个复制体时，复制体而非原零件将引用到激活装配中。复制体与原零件不关联，不随着原零件的改变而改变。如果复制体进行了修改，该复制体的组件实例将会自动更新。

2）复制整个装配零件：勾选该复选框，则复制整个装配零件；否则仅复制顶层装配零件。

3）零件名：如果勾选"复制零件"复选框，则为新的零件复制体输入名称。

4）重生成：从下列选项中选择。

① 无：当父级重新生成时，该组件不重新生成。

② 装配前重生：在装配重生成之前重生成实例。

③ 装配后重生：在装配重生成之后重生成实例。

5）自动删除实例零件：当父零件被删除时，插入的组件也被删除。复制装配时，插入的零件也会被复制。

（4）设置。

1）显示动态预览：当插入组件时，在窗口上动态观看组件回应。

2）腔体：勾选该复选框，设置切腔。

3）腔体颜色来源于零件：切腔时，腔体的颜色继承自标准件腔体的颜色属性。否则，使用选项的颜色属性。

4）封套：勾选该复选框，在装配模块中插入零部件时，允许将其指定为封套。封套的主要意图是通过将装配体的某个零部件设为封套，在检查其质量等属性信息和出 BOM（物料清单）表时，不会把其计算在内，最后出工程图的时候可根据用户需求在图样上体现或隐藏封套相关投影视图。

5）插入到图层：设置插入的组件所在的图层。

2. 插入多个组件

执行"插入多组件"命令可以一次性插入所有需要的组件，与"插入"命令一样，可以选择预览图片来帮助用户找到需要插入的组件然后选择插入的位置。

单击"装配"选项卡"组件"面板中的"插入"按钮💱，或者在绘图区空白部分右击，在弹出的快捷菜单中选择"插入多组件"命令，系统弹出"插入多组件"对话框，如图 4-57 所示。该对话框中部分选项的含义如下。

1）插入零件列表：显示所有被选中的零件，这些零件将作为组件插入激活文件中。

2）位置：选择插入点。

3）副本数：设置被选中的零件重复插入的次数。

插入多组件操作示例如图 4-58 所示。

图 4-57 "插入多组件"对话框

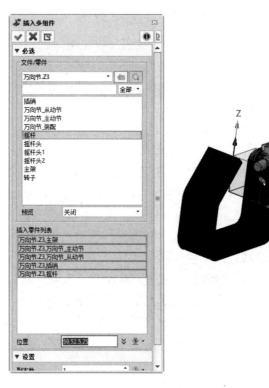

图 4-58 插入多组件操作示例

二、约束

在装配设计中，除了需要插入组件，还需要给插入的每个组件定义好合适的约束。

1. 固定

使用"固定"命令固定所选组件的当前位置。如果组件已经固定，则该命令将会移除锚点。在装配树上，所有固定的组件前面会有（F）标记。

单击"装配"选项卡"约束"面板中的"固定"按钮，系统弹出"固定"对话框，如图4-59所示。

图4-59 "固定"对话框

2. 定义约束

为激活零件或装配里的两个组件或壳体创建对齐约束。

单击"装配"选项卡"约束"面板中的"约束"按钮，系统弹出"约束"对话框，如图4-60所示。该对话框中部分选项的含义如下。

（1）实体1/实体2：选择要对齐的第一/二个组件的曲线、边、面或基准面。

（2）值：当约束为重合、切线、平行、角度或距离时，定义两个选定实体的偏移值。

（3）范围：设置一个范围，以便组件可以在该范围内移动。

（4）约束类型：

1）重合：创建一个重合约束，包括点-点、点-线、点-曲面、线-线、线-曲面或者曲面-曲面。组件将会保持重合，"偏移"选项可用。

2）相切：创建一个相切约束，包括线-曲面或者曲面-曲面，"偏移"选项可用。

3）同心：创建一个同心约束，包括圆弧-圆弧、圆弧-圆柱面或圆柱面-圆柱面，"偏移"选项可用。

4）平行：创建一个平行约束，包括线-线、线-平面或平面-平面。

5）垂直：创建一个垂直约束，包括线-线、线-平面或平面-平面。

6）角度：定义两个组件间的角度，包括线-线、线-平面或平面-平面。

7）锁定：锁定两个组件的相对位置。

8）距离：定义两个组件间的距离，包括点-点、点-线、点-平面、线-线、线-平面或平面-平面。如果约束对象为两个平行的面，则偏移距离默认为面之间的距离。若约束对象为其他对象，则偏移距离默认为零。

9）置中：通过选择一个组件上的两个基体和另一个组件上的一个或两个中心实体来创建一个置中约束。

10）对称：创建两个组件对称约束。

11）坐标：指定两个组件的坐标系重合。

> **注意**
>
> 在添加约束时，与组件的几何特征相比，建议优先使用组件的基准面来进行约束定义，因为当组件发生变化时基准面不会被影响。在组件上右击，在弹出的快捷菜单中选择"显示外部基准"命令，如图4-61所示，即可打开组件的基准。图4-62所示为利用基准面定义重合约束操作示例。

图 4-60 "约束"对话框

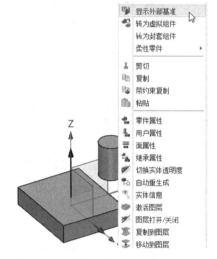

图 4-61 选择"显示外部基准"命令

（5）共面/反向：设置在当前约束下两实体是共面还是反向。

（6）干涉：确定如何处理组件之间的干涉。

1）无：不检查干涉。

2）高亮：当组件之间出现干涉时，被干涉的曲面高亮显示。

3）停止：当干涉一个组件时，会在交点处停止。

4）添加约束：自动为组件添加约束。

（7）显示已有的约束：勾选该复选框，则显示所选组件的已有约束。

（8）仅用于定位：若勾选该复选框，则约束只会改变组件的位置，而不会添加约束。

（9）弹出迷你工具栏：若勾选该复选框，则选择实体后，将会弹出带有常用选项的可移动的对齐组件的迷你工具栏，如图 4-63 所示。

3. 编辑约束

使用"编辑约束"命令，可编辑组件的对齐约束。

单击"装配"选项卡"约束"面板中的"编辑约束"按钮，系统弹出"编辑约束"对话框，如图 4-64 所示。该对话框中部分选项的含义如下。

（1）组件：选择组件，作为过滤约束的参考组件。

（2）组件过滤器：选中一个组件，如果该组件与前面组件存在约束关系，其约束将显示在下面的"约束"列表框中。

（3）"约束/机械约束"下拉菜单：选择"约束"或"机械约束"选项，将自动切换成相应的面板。

（4）约束：用于编辑或更新约束。可添加或修改当前约束、新建约束、删除所选的约束、启用或禁用所选的约束。

编辑约束操作示例如图 4-65 所示。

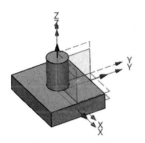

图 4-62　利用基准面定义　　　　图 4-63　迷你工具栏　　　　图 4-64　"编辑约束"对话框
重合约束操作示例

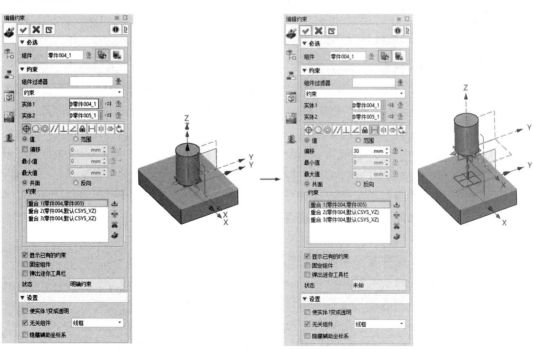

图 4-65　编辑约束操作示例

三、爆炸视图

为了帮助用户更加清楚地理解装配内部的细节以及装配过程，中望 3D 软件提供"爆炸视图"命令，让用户可以在一个独立的工作区域中创建爆炸视图。

使用该命令为每个配置创建不同的爆炸视图。该命令提供一个过程列表来记录每一个爆炸步骤，每一个爆炸步骤都可以通过右键菜单选项来重定义或删除。用户也可以通过拖曳方式来调整爆炸步骤。

单击"装配"选项卡"爆炸视图"面板中的"爆炸视图"按钮，系统弹出"爆炸视图"对话框，如图 4-66 所示。该对话框用于选择要爆炸的装配体的配置和新建的爆炸视图的名称；若选择已有视图，则自动炸开该爆炸视图。设置完成，单击"确定"按钮，系统进入爆炸视图界面，系统弹出"爆炸视图"选项卡，如图 4-67 所示。

图 4-66 "爆炸视图"对话框

图 4-67 "爆炸视图"选项卡

中望 3D 中一共有两种创建爆炸视图的方式：一种是单击"爆炸视图"选项卡中的"添加爆炸步骤"按钮，手动为爆炸视图创建步骤；另一种是单击"爆炸视图"选项卡中的"自动爆炸"按钮，自动创建爆炸视图步骤。

下面分别对两种方式进行介绍。

1. 手动创建爆炸视图

单击"爆炸视图"选项卡中的"添加爆炸步骤"按钮，系统弹出"添加爆炸步骤"对话框，如图 4-68 所示。该对话框中提供了可选择的手动爆炸类型，包括平移爆炸、旋转爆炸和径向爆炸。下面分别进行介绍。

（1）平移爆炸：选择组件后，在第一个所选组件的包络框中心显示三重坐标轴，拖动三重坐标轴，所有被选中的组件一起移动。图 4-68 中的各选项的含义如下。

1）实体：选择要爆炸的组件。

2）方向：设置爆炸方向，组件将沿着该方向进行爆炸。

3）偏移：设置距离值。

4）轴：设置轴，组件将沿着轴所在的方向进行爆炸。

5）角度：设置与轴的旋转角度。

6）记录转折点：勾选该复选框，则记录所有的爆炸路径。

7）选择子装配零件：若勾选该复选框，则选择装配体中的子装配进行爆炸。

8）添加轨迹线：若勾选该复选框，则创建爆炸视图时会以双点划线记录爆炸轨迹。

平移爆炸操作示例如图 4-69 所示。

图 4-68　"添加爆炸步骤"对话框

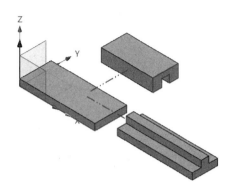

图 4-69　平移爆炸操作示例

（2）旋转爆炸🔲：选择组件后，选择旋转轴，则三重坐标轴显示在轴线的中点上，所选组件绕所选轴进行旋转。旋转爆炸操作示例如图 4-70 所示。若不选择旋转轴，则不显示旋转控件。"添加爆炸步骤-旋转爆炸"对话框如图 4-71 所示。

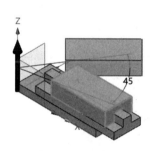

图 4-70　旋转爆炸操作示例

图 4-71　"添加爆炸步骤-旋转爆炸"对话框

（3）径向爆炸✿：所选组件围绕一根所选的轴，沿背离轴的方向拖动组件，在第一个选择的组件包络框中心上显示轴，径向爆炸操作示例如图 4-72 所示。轴支持选择的对象为草图线、线框、圆柱面（圆柱的轴）和圆形面（面法向和圆心）。"添加爆炸步骤-径向爆炸"对话框如图 4-73 所示。

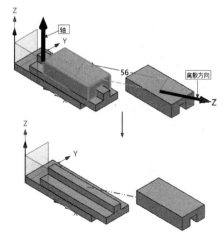

图 4-72　径向爆炸操作示例

图 4-73　"添加爆炸步骤-径向爆炸"对话框

2．自动爆炸

使用"自动爆炸"命令实现自动对组件创建爆炸视图并且距离均匀。自动爆炸操作示例如图 4-74 所示。

单击"爆炸视图"选项卡中的"自动爆炸"按钮 ，系统弹出"自动爆炸"对话框，如图 4-75 所示。

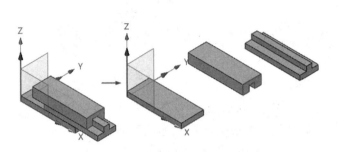

图 4-74　自动爆炸操作示例　　　　　图 4-75　"自动爆炸"对话框

3．爆炸视频

在完成所有的爆炸视图步骤后，可以使用"爆炸视频"命令来把爆炸视图保存为 AVI 格式的视频文件。当回到装配层级时，可以在"装配"管理器的配置中找到创建好的爆炸视图，如图 4-76 所示。

单击"爆炸视图"选项卡中的"爆炸视频"按钮 ，系统弹出"爆炸视频"对话框，如图 4-77 所示。该对话框中部分选项的含义如下。

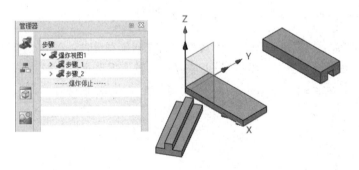

图 4-76　爆炸视图　　　　　　　　图 4-77　"爆炸视频"对话框

（1）保存爆炸过程：勾选该复选框，则爆炸过程保存为视频。

（2）保存折叠过程：勾选该复选框，则折叠过程保存为视频。

（3）自定义录制大小：自定义录制视频的宽度和高度。

任务三　机用虎钳动画

【任务导入】

创建机用虎钳动画，机用虎钳如图 4-78 所示。

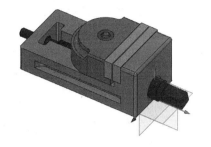

微课视频

图 4-78　机用虎钳

【学习目标】

（1）学习新建动画，设置关键帧、参数和相机位置。
（2）掌握如何添加马达、创建轨迹线及录制动画。

【思路分析】

在本任务中，读者需要创建机用虎钳动画，首先打开已经装配好的"机用虎钳"源文件，创建新动画，设置关键帧、参数和相机位置，然后添加马达，最后录制动画并创建轨迹线。

【操作步骤】

（1）打开源文件。打开"机用虎钳"源文件。

（2）新建动画。单击"装配"选项卡"动画"面板中的"新建动画"按钮 🖳，系统弹出"新建动画"对话框，时间设置为 6 秒，如图 4-79 所示。单击"确定"按钮 ✔，进入动画界面。

（3）创建关键帧。在"动画管理"管理器中右击，在弹出的快捷菜单中选择"关键帧"命令，如图 4-80 所示。系统弹出"关键帧"对话框时间设置为 3 秒，如图 4-81 所示。

图 4-79　"新建动画"对话框　　　　图 4-80　选择"关键帧"命令

（4）设置参数。双击关键帧"0:00"，将其激活。单击"动画"选项卡"动画"面板中的"参数"按钮 🖳，系统弹出"参数"对话框，双击滑块的"重合 4（平面/平面）"选项，如图 4-82 所示。系统弹出"输入标注值"对话框，参数设置如图 4-83 所示。单击"确定"按钮，关键帧"0:00"的参数创建完成。此时，滑块位置如图 4-84 所示。

（5）设置其他位置的参数。下面采用同样的方法。双击关键帧"0:03"，将其激活，设置参数值为"30"，如图 4-85 所示。双击关键帧"0:06"，将其激活，设置参数值为"60"，如图 4-86 所示。

图 4-81 "关键帧"对话框

图 4-82 "参数"对话框

（6）播放动画。单击"动画管理"管理器中的"播放"按钮 ▶，进行动画播放。

图 4-83 "输入标注值"对话框

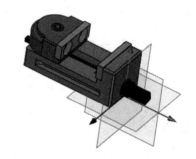

图 4-84 关键帧"0:00"时滑块位置

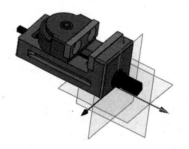

图 4-85 关键帧"0:03"时滑块位置

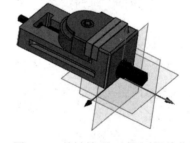

图 4-86 关键帧"0:06"时滑块位置

（7）定义相机位置 1。双击关键帧"0:00"，将其激活。按住鼠标中键沿屏幕左上角将机用虎钳拖出屏幕，单击"动画"选项卡"动画"面板中的"相机位置"按钮 🎥，系统弹出"相机位置"对话框，如图 4-87 所示。单击"当前视图"按钮，再单击"确定"按钮 ✔，相机位置 1 创建完成，如图 4-88 所示。

（8）定义相机位置 2。双击关键帧"0:03"，将其激活。按住 Ctrl+A 组合键，缩放机用虎钳至合适的尺寸，双击图 4-88 所示的相机位置，系统弹出"相机位置"对话框，单击"当前视图"按钮，再单击"确定"按钮 ✔，相机位置 2 创建完成。

（9）定义相机位置 3。双击关键帧"0:06"，将其激活。按住鼠标中键沿屏幕右上角将机用虎钳拖出屏幕，双击图 4-88 所示的相机位置，系统弹出"相机位置"对话框，单击"当前视图"按钮，再单击"确定"按钮 ✔，相机位置 3 创建完成。

图 4-87　"相机位置"对话框　　　　图 4-88　相机位置 1 创建完成

（10）添加马达。单击"动画"选项卡"动画"面板中的"添加马达"按钮，系统弹出"添加马达"对话框，选择"旋转马达"，组件选择"螺杆"，方向为 X 轴方向，类型为"等速"，速度为"50rpm"，开始时间为"0:00"，结束时间为"0:06"，如图 4-89 所示。单击"确定"按钮。

（11）录制动画。单击"动画"选项卡"动画"面板中的"录制动画"按钮，系统弹出"保存文件"对话框，设置保存路径和名称"机用虎钳运动仿真"，单击"保存"按钮，系统弹出"录制动画"对话框，勾选"从头开始录制"复选框，如图 4-90 所示。单击"确定"按钮，开始录制动画。

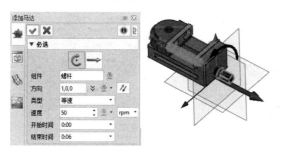

图 4-89　添加马达参数设置　　　　图 4-90　"录制动画"对话框

（12）创建运动轨迹。单击"动画"选项卡"动画"面板中的"运动轨迹"按钮，系统弹出"运动轨迹"对话框，选择图 4-91 所示的点创建运动轨迹。

（13）单击"动画管理"管理器中的"播放"按钮，进行动画播放。

（14）创建曲线。在"动画管理"管理器中右击"追踪结果 1"，在弹出的快捷菜单中选择"创建曲线"命令，然后单击 DA 工具栏中的"退出"按钮，退出动画界面。

（15）隐藏装配体。在"装配管理"管理器中，选中所有组件，右击，在弹出的快捷菜单中选择"隐藏"命令。

（16）查看曲线。单击"历史管理"管理器，查看轨迹曲线，如图 4-92 所示。

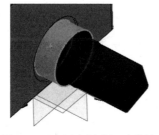

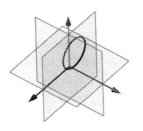

图 4-91　选择点创建运动轨迹　　　　图 4-92　轨迹曲线

【知识拓展】

一、新建动画

单击"装配"选项卡"动画"面板中的"新建动画"按钮，系统弹出"新建动画"对话框，如图4-93所示。该对话框中各选项的含义如下。

（1）时间：设置动画的总时长，格式为"分钟：秒"。

（2）名称：设置动画名称。

时间和名称设置完成后，单击"确定"按钮，系统进入动画界面，如图4-94所示。在该界面中可以创建关键帧、添加马达、创建相机位置、创建运动轨迹和录制动画等。

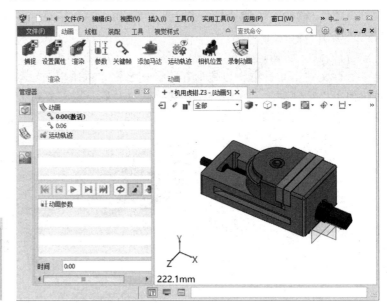

图4-93 "新建动画"对话框　　图4-94 动画界面

二、创建关键帧

关键帧定义了当动画参数被赋予确切值时该动画所处的时间。从一个关键帧到另一个关键帧之间的参数值呈线性变化。

单击"动画"选项卡"动画"面板中的"关键帧"按钮，系统弹出"关键帧"对话框，如图4-95所示。设置关键帧的时间，单击"确定"按钮，创建的关键帧在管理器中被激活，如图4-96所示。

下面是对管理器中所有关键帧的参数和命令的说明。

（1）时间轴：在管理器中，所有的关键帧组成时间轴。选中关键帧，右击，在弹出的快捷菜单中选择"激活"命令，可以激活该关键帧，如图4-97所示。

（2）关键帧：当前时间内记录产品位置的最小动画单位。关键帧的最小单位是秒，当输入60秒时，系统自动转换成1分钟，如图4-98所示。但是超过1分钟的时间，需要按正确的格式输入。例如，1分40秒应输入1:40。此外，所有关键帧会自动排序，如图4-99所示。

图 4-95 "关键帧"对话框　　　　图 4-96 管理器

图 4-97 激活关键帧　　　　图 4-98 60 秒转换为 1 分钟

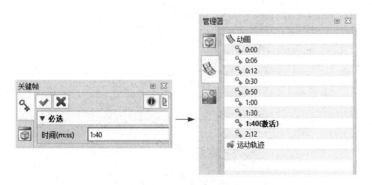

图 4-99 关键帧自动排序

三、设置动画参数

动画参数是指在动画过程中可变的值，是驱动产品位置变化的主要变量。通过参考装配约束中的变量，可以调整每个关键帧相对应的组件位置。因此，约束距离或角度偏移变量可以在装配动画中作为参数使用。

单击"动画"选项卡"动画"面板中的"参数"按钮，系统弹出"参数"对话框，如图 4-100 所示。双击要修改的参数，系统弹出"输入标注值"对话框，如图 4-101 所示。在该对话框中即可修改组件在该时间点的位置。单击"确定"按钮，在管理器中显示创建的参数，如图 4-102 所示。

图 4-100　"参数"对话框

图 4-101　"输入标注值"对话框

四、创建相机位置

可为每个关键帧添加相机位置，通过更改相机在每个关键帧的相机位置来多角度显示产品。另外，可以直接在建模空间调整模型位置，定义其为当前相机的位置，或者通过准确的坐标来定义相机位置。

单击"动画"选项卡"动画"面板中的"相机位置"按钮 ，系统弹出"相机位置"对话框，如图 4-103 所示。单击"当前视图"按钮，再单击"确定"按钮 ，在管理器中显示创建的相机位置，如图 4-104 所示。

图 4-102　显示创建的参数

图 4-103　"相机位置"对话框

图 4-104　显示创建的相机位置

五、创建运动轨迹

"运动轨迹"命令用于捕捉装配动画过程中运动组件的运动轨迹，供用户观察组件的运动状态，验证其运动是否符合预期，同时，可将该轨迹生成具体曲线，反向影响其他相关组件的零件设计。

单击"动画"选项卡"动画"面板中的"运动轨迹"按钮 ，系统弹出"运动轨迹"对话框，如图 4-105 所示。在装配体上指定要跟踪的点，输入名称，单击"确定"按钮 ，即可在管理器中显示追踪结果。右击该追踪结果，系统弹出快捷菜单，如图 4-106 所示。

用户可通过该菜单对运动轨迹进行重定义、抑制/释放抑制、删除、隐藏/显示、输出文件或者创建曲线等操作。

图 4-105　"运动轨迹"对话框　　　　图 4-106　快捷菜单

六、添加马达

马达用于提供原始动力。在运动仿真时，装配机构可由马达给定原始动力来源，用户可以指定速度、方向等条件，然后整个装配机构就会在此动力源带动下，进行运动仿真。

单击"动画"选项卡"动画"面板中的"添加马达"按钮，系统弹出"添加马达"对话框，如图 4-107 所示。该对话框中各选项的含义如下。

（1）马达类型有以下两种。

1）旋转马达：单击该按钮，选择旋转马达。

2）线性马达：单击该按钮，选择线性马达。

（2）组件：定义马达作用在哪个组件。

（3）方向：定义马达运动的方向。对于线性马达，方向是直线方向。对于旋转马达，方向是旋转方向（顺时针/逆时针）。

（4）类型：定义运动类型，若选择"等速"类型，则是指全程速度相等的运动。

（5）速度：定义运动速度的值。

（6）开始时间/结束时间：设置马达作用的起始以及终止时间。

创建马达后，会在对应的关键帧节点下创建马达作用起始/终止的标记，如图 4-108 所示。

图 4-107　"添加马达"对话框　　　　图 4-108　创建马达标记

七、录制动画

使用"录制动画"命令，将激活的动画保存到外部 AVI 动画文件中。

单击"动画"选项卡"动画"面板中的"录制动画"按钮，系统弹出"保存文件"对话框，设置保存路径和名称，单击"保存"按钮，系统弹出"录制动画"对话框，如图 4-109 所示。该对话框中部分选项的含义如下。

（1）FPS：设置每秒的帧数。

（2）使用压缩：若勾选该复选框，则创建压缩动画。

（3）质量：拖动滑块，改变动画质量。

（4）从头开始录制：若勾选该复选框，则从动画开始部位录制动画。

（5）自定义录制大小：若勾选该复选框，则需要设置录制动画的宽度和高度。

图 4-109 "录制动画"对话框

任务四 变速箱装配与动画

【任务导入】

装配如图 4-110 所示的变速箱，并进行动画的新建和播放。

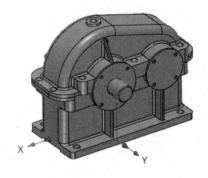

图 4-110 变速箱

【学习目标】

（1）复选巩固插入组件工具及约束的使用方法。

（2）学习机械约束的创建方法。

（3）掌握动画的新建和录制。

【思路分析】

在本任务中，读者需要装配变速箱。首先利用插入组件工具和"约束"命令进行低速轴组件的装配、高速轴组件的装配和变速箱的装配，然后将两齿轮进行机械约束，最后新建动画、添加马达并进行动画播放和录制。

【操作步骤】

微课视频

1. 低速轴组件装配

（1）新建装配文件。单击快速访问工具栏中的"新建"按钮，系统弹出"新建文件"对话框，类型选择"装配"，单击"确认"按钮，进入装配界面。

（2）插入低速轴。单击"装配"选项卡"组件"面板中的"插入"按钮，系统弹出"插入"对话框，选择"低速轴"组件，放置类型选择"默认坐标"，勾选"固定组件"复选框，单击"确定"按钮，低速轴插入完成，如图 4-111 所示。

（3）插入轴承 6319。单击"装配"选项卡"组件"面板中的"插入"按钮，系统弹出"插入"对话框，选择"轴承 6319"组件，放置类型选择"多点"，在绘图区插入 2 个轴承 6319 组件。取消勾选"固定组件"复选框，单击"确定"按钮，系统弹出"约束"对话框，选择图 4-112 所示的面 1 与面 2 设置同心约束，面 3 与面 4 设置重合约束，在一端插入轴承，如图 4-113 所示。使用同样的方法，插入另一端的轴承，如图 4-114 所示。

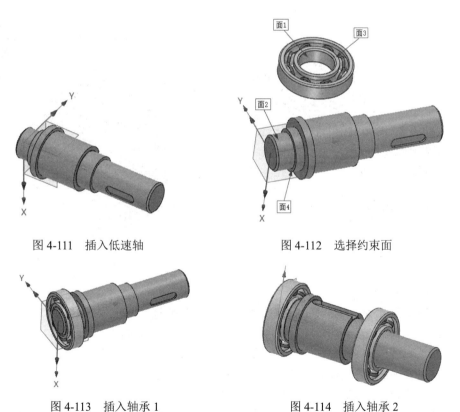

图 4-111　插入低速轴　　　　　图 4-112　选择约束面

图 4-113　插入轴承 1　　　　　图 4-114　插入轴承 2

（4）插入低速键。单击"装配"选项卡"组件"面板中的"插入"按钮，系统弹出"插入"对话框，选择"低速键"组件，放置类型选择"点"，在绘图区插入低速键。单击"确定"按钮，系统弹出"约束"对话框，选择图 4-115 所示的面 1 与面 2 设置重合约束，面 3 与面 4 设置同心约束，面 5 与面 6 设置重合约束，插入低速键后的效果如图 4-116 所示。

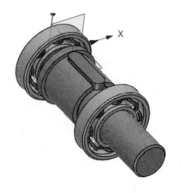

图 4-115　选择约束面　　　　　　　　　　图 4-116　插入低速键后的效果

（5）插入大齿轮。单击"装配"选项卡"组件"面板中的"插入"按钮🐾，系统弹出"插入"对话框，选择"大齿轮"组件，放置类型选择"点"，在绘图区插入大齿轮。单击"确定"按钮✅，系统弹出"约束"对话框，选择图 4-117 所示的面 1 与面 2 设置同心约束，面 3 与面 4 设置重合约束，面 5 与面 6 设置平行约束，插入大齿轮后的效果如图 4-118 所示。

微课视频

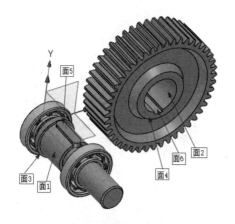

图 4-117　选择约束面　　　　　　　　　　图 4-118　插入大齿轮后的效果

2. 高速轴组件装配

（1）新建装配文件。单击快速访问工具栏中的"新建"按钮🗋，系统弹出"新建文件"对话框，类型选择"装配"，单击"确认"按钮，进入装配界面。

（2）插入高速轴。单击"装配"选项卡"组件"面板中的"插入"按钮🐾，系统弹出"插入"对话框，选择"高速轴"组件，放置类型选择"默认坐标"，勾选"固定组件"复选框，单击"确定"按钮✅，高速轴插入完成，如图 4-119 所示。

（3）插入轴承 6315。单击"装配"选项卡"组件"面板中的"插入"按钮🐾，系统弹出"插入"对话框，选择"轴承 6315"组件，放置类型选择"多点"，在绘图区插入 2 个轴承 6315 组件。取消勾选"固定组件"复选框，单击"确定"按钮✅，系统弹出"约束"对话框，选择图 4-120 所示的面 1 与面 2 设置同心约束，面 3 与面 4 设置重合约束，在一端插入轴承，如图 4-121 所示。使用同样的方法，插入另一端的轴承，如图 4-122 所示。

图 4-119 插入高速轴

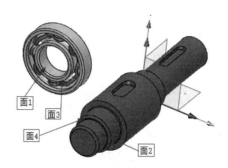

图 4-120 选择约束面

图 4-121 插入轴承 1

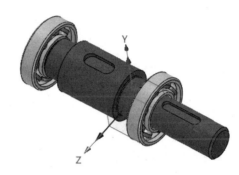

图 4-122 插入轴承 2

（4）插入高速键。单击"装配"选项卡"组件"面板中的"插入"按钮，系统弹出"插入"对话框，选择"高速键"组件，放置类型选择"点"，在绘图区插入高速键。单击"确定"按钮，系统弹出"约束"对话框，选择图 4-123 所示的面 1 与面 2 设置重合约束，面 3 与面 4 设置同心约束，面 5 与面 6 设置重合约束，如图 4-124 所示。

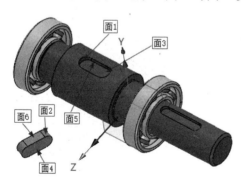

图 4-123 选择约束面

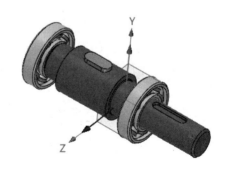

图 4-124 插入高速键

（5）插入小齿轮。单击"装配"选项卡"组件"面板中的"插入"按钮，系统弹出"插入"对话框，选择"小齿轮"组件，放置类型选择"点"，在绘图区插入小齿轮。单击"确定"按钮，系统弹出"约束"对话框，选择图 4-125 所示的面 1 与面 2 设置同心约束，面 3 与面 4 设置平行约束，面 5 与面 6 设置重合约束，偏移距离设置为"−38mm"，如图 4-126 所示。

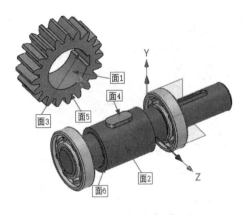

图 4-125　选择约束面

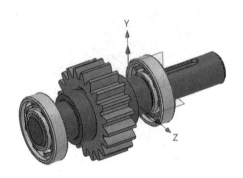

图 4-126　插入小齿轮

3. 变速箱装配及动画

（1）新建装配文件。单击快速访问工具栏中的"新建"按钮，系统弹出"新建文件"对话框，类型选择"装配"，将名称设置为"变速箱装配"，如图 4-127 所示。单击"确认"按钮，进入装配界面。

（2）插入下箱体。单击"装配"选项卡"组件"面板中的"插入"按钮，系统弹出"插入"对话框，选择"下箱体"组件，放置类型选择"默认坐标"，勾选"固定组件"复选框，单击"确定"按钮，下箱体插入完成，如图 4-128 所示。

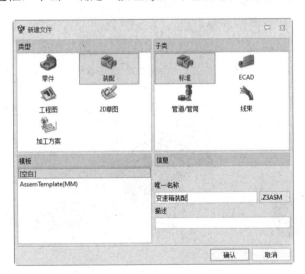

图 4-127　"新建文件"对话框

微课视频

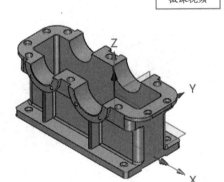

图 4-128　插入下箱体

（3）插入高速轴装配体。单击"装配"选项卡"组件"面板中的"插入"按钮，系统弹出"插入"对话框，选择"高速轴装配"装配体，放置类型选择"点"，取消勾选"固定组件"复选框，在绘图区放置高速轴装配体。单击"确定"按钮，系统弹出"约束"对话框，选择图 4-129 所示的面 1 与面 2 设置同心约束，面 3 与面 4 设置重合约束，偏移距离设置为"−32.5mm"，如图 4-130 所示。

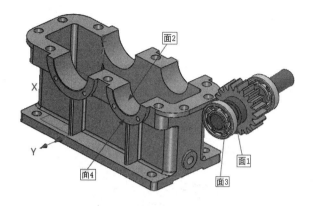

图 4-129　选择约束面

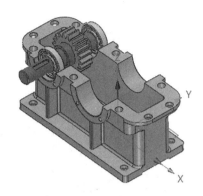

图 4-130　插入高速轴装配体

（4）插入低速轴装配体。单击"装配"选项卡"组件"面板中的"插入"按钮，系统弹出"插入"对话框，选择"低速轴装配"装配体，放置类型选择"点"，在绘图区放置低速轴装配体。单击"确定"按钮，系统弹出"约束"对话框，选择图 4-131 所示的面 1 与面 2 设置同心约束，面 3 与面 4 设置重合约束，偏移距离设置为"−27.5mm"，如图 4-132 所示。

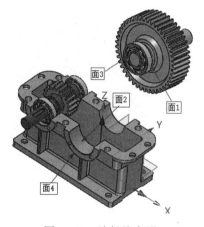

图 4-131　选择约束面

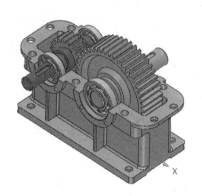

图 4-132　插入低速轴装配体

（5）旋转低速轴装配体。单击"装配"选项卡"基础编辑"面板中的"旋转"按钮，系统弹出"旋转"对话框，旋转低速轴装配体使两齿轮正确啮合。

（6）插入上箱盖。单击"装配"选项卡"组件"面板中的"插入"按钮，系统弹出"插入"对话框，选择"上箱盖"组件，放置类型选择"点"，在绘图区放置上箱盖。单击"确定"按钮，系统弹出"约束"对话框，选择图 4-133 所示的面 1 与面 2 设置重合约束，面 3 与面 4 设置同心约束，面 5 与面 6 设置同心约束，如图 4-134 所示。

（7）插入大透盖。单击"装配"选项卡"组件"面板中的"插入"按钮，系统弹出"插入"对话框，选择"大透盖"组件，放置类型选择"点"，在绘图区放置大透盖。单击"确定"按钮，系统弹出"约束"对话框，选择图 4-135 所示的面 1 与面 2 设置同心约束，面 3 与面 4 设置同心约束，面 5 与面 6 设置重合约束，如图 4-136 所示。

（8）使用相同的方法，插入其他组件，如图 4-137 所示。

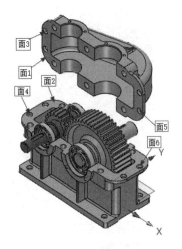

图 4-133　选择约束面

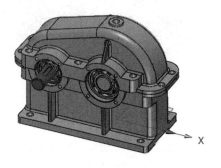

图 4-134　插入上箱盖

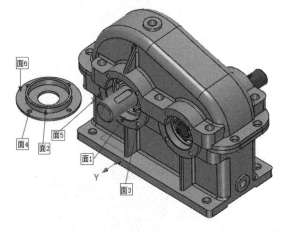

图 4-135　选择约束面

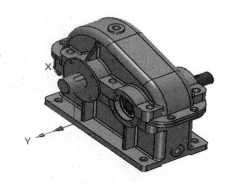

图 4-136　插入大透盖

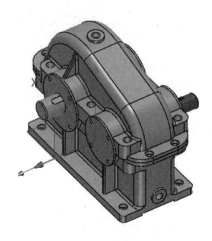

图 4-137　插入其他组件

（9）孤立显示组件。在"装配管理"管理器中选择"大齿轮"和"小齿轮"组件，右击，在弹出的快捷菜单中选择"孤立显示"命令，如图 4-138 所示。系统弹出"仅显示状态"对话框，如图 4-139 所示。单击"保存显示状态"按钮，关闭对话框。

图 4-138　选择"孤立显示"命令　　　图 4-139　"仅显示状态"对话框

（10）创建机械约束。单击"装配"选项卡"约束"面板中的"机械约束"按钮，系统弹出"机械约束"对话框，选择约束类型为"啮合"，选择图 4-140 所示的两齿轮内孔面，设置比例为"1"，勾选"反转"复选框，如图 4-141 所示。单击"确定"按钮，机械约束设置完成。

（11）显示组件。在"装配管理"管理器中勾选"下箱体""高速轴""高速键""低速轴""低速键"，显示组件，如图 4-142 所示。

（12）新建动画。单击"装配"选项卡"动画"面板中的"新建动画"按钮，系统弹出"新建动画"对话框，时间设置为 20 秒，名称为"动画 1"，如图 4-143 所示。

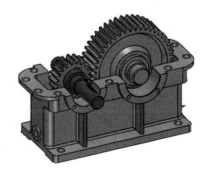

图 4-140　选择内孔面　　图 4-141　"机械约束"对话框　　图 4-142　显示组件

（13）添加马达。单击"动画"选项卡"动画"面板中的"添加马达"按钮 <img>，系统弹出"添加马达"对话框，选择"旋转马达"，组件选择"低速轴装配_1"，方向为 Y 轴方向，速度为"30rpm"，开始时间为"0:00"，结束时间为"0:20"，如图 4-144 所示。

图 4-143 "新建动画"对话框参数设置　　　　图 4-144 "添加马达"对话框

（14）播放动画。单击"动画管理"管理器中的"播放"按钮 ▶，进行动画播放。

（15）录制动画。单击"动画"选项卡"动画"面板中的"录制动画"按钮 <img>，系统弹出"保存文件"对话框，设置保存路径和名称"变速箱动画"，单击"保存"按钮，系统弹出"录制动画"对话框，勾选"从头开始录制"复选框，如图 4-145 所示。单击"确定"按钮 ✔，开始录制动画。动画录制完成，系统弹出"ZW3D"对话框，如图 4-146 所示，显示动画录制成功。

图 4-145 "录制动画"对话框参数设置　　　　图 4-146 "ZW3D"对话框

【知识拓展】

一、机械约束

为激活零件或装配里的两个组件或壳体创建机械对齐约束。

单击"装配"选项卡"约束"面板中的"机械约束"按钮 <img>，系统弹出"机械约束"对话框，如图 4-147 所示。该对话框中提供啮合 <img>、路径 <img>、线性耦合 <img>、齿轮齿条 <img>、螺旋 <img>、槽口 <img>、凸轮 <img> 和万向节 <img>8 种约束类型，下面分别对这 8 种约束进行详细介绍。

1. 啮合 <img>

啮合该约束不仅可以用于齿轮间的传动，也可用于任意两个组件间的旋转关系。图 4-146

所示对话框中部分选项的含义如下。啮合约束操作示例如图 4-148 所示。

（1）齿轮 1/齿轮 2：选择要对齐的第一/二个组件的圆柱面。

（2）角度：指定角度来旋转齿轮。该角度指齿轮间的相对位置。

（3）比例：设置传动比。

（4）齿数 1/齿数 2：当选择"齿轮"单选按钮时，需要设置齿轮 1 的齿数和齿轮 2 的齿数。

（5）反转：若勾选该复选框，则将从动齿轮的旋转方向反向。

图 4-147　"机械约束"对话框

图 4-148　啮合约束操作示例

2. 路径 〰

创建路径约束，组件沿着所选的路径移动。点元素必须在组件内，路径可以是组件或装配文件的边、草图或线框。图 4-149 所示对话框中部分选项的含义如下。路径约束操作示例如图 4-150 所示。

（1）点：选择要对齐的第一个组件的点。

（2）路径：选择被对齐的第二个组件的线。

（3）路径约束：指定路径约束，提供的路径约束包括以下几种。

1）自由：可沿着路径拖曳组件。

2）沿路径距离：指定顶点（实体 1）到路径末端（实体 2）的距离。勾选"反转尺寸"复选框可改变路径末端。

3）沿路径百分比：指定顶点（实体 1）到路径末端（实体 2）的距离百分比。勾选"反转尺寸"复选框可改变路径末端。

（4）俯仰/偏航控制：指定约束的俯仰和偏航，可选择以下两种。

1）自由：可沿着路径拖拽组件。

2）随路径变化：约束组件的一个坐标轴与路径相切，可选择 X、Y 或 Z 轴。

（5）滚转控制：指定约束的滚转控制，可选择以下两种。

1）自由：组件的滚转没有被约束。

2）上向量：约束组件的一个坐标轴与指定的向量相切，指定一条线性边或者平面作为上向量，并选择 X、Y 或 Z 轴。

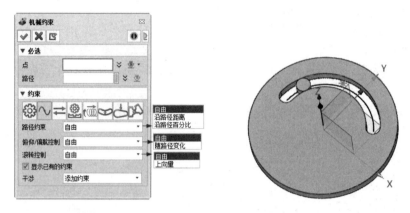

图 4-149 "机械约束-路径约束"对话框　　　图 4-150　路径约束操作示例

3. 线性耦合

创建线性耦合约束，为两个零部件添加相对的线性运动关系。图 4-151 所示对话框中部分选项的含义如下。线性耦合约束操作示例如图 4-152 所示。

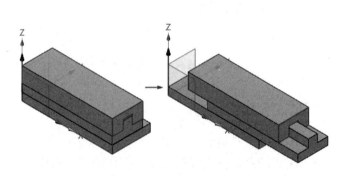

图 4-151 "机械约束-线性耦合约束"对话框　　　图 4-152　线性耦合约束操作示例

（1）组件 1/组件 2：选择要对齐的第一/二个组件。

（2）方向 1/方向 2：选择线、坐标轴、圆柱面或者平面作为第一/二个组件的移动方向。

（3）距离 1/距离 2：设置第一/二个线性耦合组件的移动距离。

4. 齿轮齿条

添加齿轮齿条约束，以一个零部件（齿轮）的旋转牵引另一个零部件（齿条）的线性传动，反之亦然。图 4-153 所示对话框中部分选项的含义如下。

（1）齿条：选择要对齐的第一个组件的线性实体。

（2）齿轮：选择被对齐的第二个组件的圆柱面。

（3）转数/距离：设置平移每个长度单位的转数。

（4）距离/转数：设置每圈的平移距离，选择"距离/转数"单选按钮，并在"值"输入框内输入值。

齿轮齿条约束操作示例如图4-154所示。

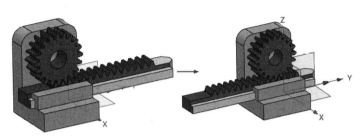

图4-153　"机械约束-齿轮齿条约束"对话框　　　　图4-154　齿轮齿条约束操作示例

5. 螺旋

螺旋约束将两个选中的零部件进行中心约束，添加一组能引起旋转和传动的约束关系。该约束不仅适用于螺栓和螺母，也可以定义两个零部件之间的旋转和传动关系。图4-155所示对话框中部分选项的含义如下。

（1）螺旋实体：选择要对齐的第一个组件的圆柱面，可单击鼠标中键取消选择。

（2）线性实体：选择被对齐的第二个组件的线性实体。

螺旋约束操作示例如图4-156所示。

图4-155　"机械约束-螺旋约束"对话框　　　　图4-156　螺旋约束操作示例

注意

根据选择的主动件和从动件来设置"转数/距离"和"距离/转数"两个参数。

6. 槽口

"机械约束-槽口约束"对话框如图4-157所示。该对话框中部分选项的含义如下。

（1）实体 1：选择要对齐的第一个组件。

（2）槽口面：选择被对齐的第二个组件的槽口面。

（3）槽口约束：指定槽口约束，可选择的槽口约束包括以下几种。

1）自由：可沿着槽口两圆心间路径自由拖曳组件。

2）槽口中心：约束组件在槽口中心处，固定不动。

3）沿槽口距离：输入距离值，约束组件在以圆心为起点的槽口距离处。

4）沿路径百分比：拖曳滚动条，以槽口的一个圆心处为 0，另一个圆心处为 100%，槽口中心为 50%，调整约束组件的位置。槽口约束操作示例如图 4-158 所示。

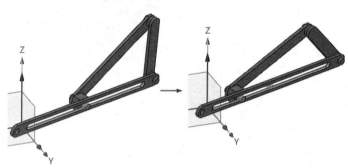

图 4-157　"机械约束-槽口约束"对话框　　　　图 4-158　槽口约束操作示例

7. 凸轮

"机械约束-凸轮约束"对话框如图 4-159 所示。该对话框中部分选项的含义如下。

（1）实体 1：选择要对齐的第一个组件。

（2）凸轮面：选择被对齐的第二个组件的凸轮面。

凸轮约束操作示例如图 4-160 所示。

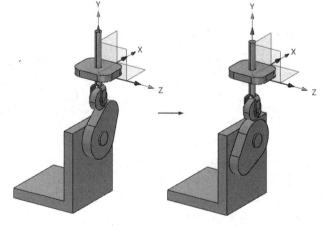

图 4-159　"机械约束-凸轮约束"对话框　　　　图 4-160　凸轮约束操作示例

8. 万向节

"机械约束-万向节约束"对话框如图 4-161 所示。该对话框中部分选项的含义如下。

图 4-161 "机械约束-万向节约束"对话框

（1）十字轴 1/十字轴 2：选择要对齐的第一/二个组件的十字轴。

（2）铰接点 1/铰接点 2：选择轴上的点作为要对齐的第一/二个组件的铰接点。

（3）传动轴 1/传动轴 2：选择要对齐的第一/二个组件的传动轴。

万向节约束操作示例如图 4-162 所示。

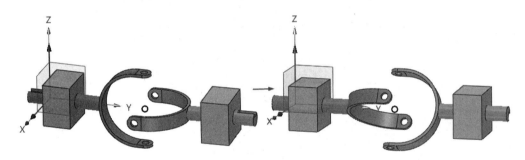

图 4-162 万向节约束操作示例

二、带轮

"带轮"命令用于带轮类零部件（皮带、链带、同步带）的设计。

注意

"带轮"命令需选择两个或两个以上带轮几何体才能生成带轮特征。

单击"装配"选项卡"约束"面板中的"带轮"按钮，系统弹出"带轮"对话框，如图 4-163 所示。该对话框中各选项的含义如下。

（1）带轮：选择作为带轮的几何体。所选几何体的轴线必须平行。

（2）直径：输入带轮直径。

（3）列表：存储带轮、直径和其他信息。该列表可以支持存储为不同的带轮边设置不同的直径。

（4）皮带基准面：选择与带轮轴线垂直的平面，用于指定皮带草图的放置平面。

（5）长度驱动：指定皮带长度，自动调整带轮位置。

（6）启用厚度：输入皮带厚度。

（7）生成皮带零件：生成带皮带草图的皮带零件。

带轮操作示例如图 4-164 所示。

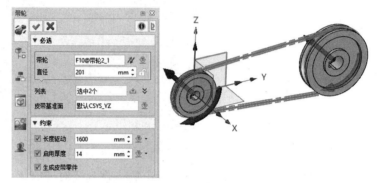

图 4-163 "带轮"对话框　　　　　　图 4-164 带轮操作示例

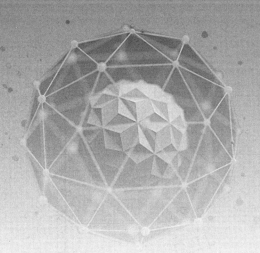

项目五

工程图与标注

【项目描述】

本项目通过设计 4 个任务，旨在教授中望 3D 中工程图的绘制。

任务一是绘制轴承座工程图。该任务目标是让读者熟练掌握如何从零件中新建工程图，以及如何选择模板，并重点学习标准视图、投影视图、全剖视图和辅助视图的创建方法。

任务二是绘制机用虎钳工程图。通过完成这个任务，熟练地使用中望 3D 软件绘制机用虎钳工程图，并掌握配置的创建和交替位置视图的生成方法。这将进一步提高工程设计能力，为未来的工作和学习打下坚实的基础。

任务三是绘制阶梯轴工程图。该任务系统地介绍了工程图的创建，并详细介绍尺寸标注、基准和形位公差的标注，以及粗糙度的标注，目标是让读者熟练掌握在中望 3D 软件中绘制阶梯轴工程图的方法。

任务四是绘制万向节装配工程图。该任务目标是让读者熟练掌握在中望 3D 软件中绘制万向节装配工程图的方法，并重点学习装配体工程图中序号的标注和明细表的创建，提高学生的工程设计能力。

总的来说，这些任务旨在培养读者使用中望 3D 软件绘制工程图的综合能力，使其具备将设计想法准确转化为可用于生产、检验的工程图纸的专业技巧。

【素养提升】

通过学习工程图绘制、编辑，培养对工程师职业道德和社会责任的认识，增进系统思维与沟通表达能力，理解工程图在产品设计、制造和检验中的关键角色，提升将复杂技术信息转化为图形表达的能力，认识到工程图在社会主义现代化建设中的关键作用，理解其在工程项目设计、制造和交流中的应用价值。

任务一　绘制轴承座工程图

【任务导入】

创建如图 5-1 所示的轴承座工程图。

微课视频

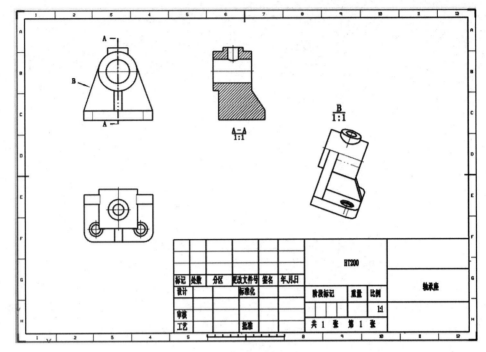

图 5-1　轴承座工程图

【学习目标】

（1）学习工程图、标准视图和投影视图的创建。

（2）学习辅助视图和全剖视图的创建。

（3）学习图纸属性、图纸格式属性和视图属性的设置方法。

（4）学习剖面线的编辑方法。

【思路分析】

在本任务中，读者需要创建轴承座工程图。首先，打开源文件并新建工程图文件，创建标准视图和投影视图，并修改图纸属性；其次，利用"全剖视图"和"辅助视图"命令创建全剖视图和辅助视图；再次，修改图纸格式属性；最后，修改视图属性并对剖面线进行编辑。

【操作步骤】

（1）打开文件。打开"轴承座"源文件，如图 5-2 所示。

（2）新建工程图。单击 DA 工具栏中的"2D 工程图"按钮，系统弹出"选择模板"对话框，选择 A3_H（GB_chs）模板，如图 5-3 所示。单击"确认"按钮，进入工程图界面。

（3）创建俯视图和主视图。系统弹出"标准"对话框，自动选择"轴承座.Z3PRT"文件，视图选择"俯视图"，在"通用"选项卡中取消对"显示消隐线"选项和"显示螺纹"选项的选择，将比例设置为"1∶1"，勾选"同步图纸缩放比例"复选框，如图 5-4

所示。在图纸区域适当位置单击放置俯视图，此时，系统弹出"投影"对话框，设置投影方式为第一视角，向上拖动鼠标指标并在适当位置单击，投影出主视图，如图 5-5 所示。

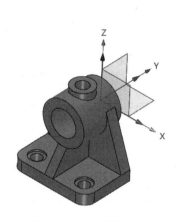

图 5-2 "轴承座"源文件

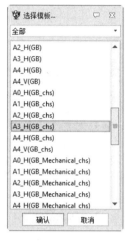

图 5-3 "选择模板"对话框

图 5-4 "标准"对话框参数设置

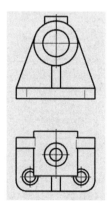

图 5-5 俯视图和主视图

（4）修改图纸颜色。在"图纸管理"管理器中右击"图纸 1"，在弹出的快捷菜单中选择"属性"命令，如图 5-6 所示。系统弹出"图纸属性"对话框，如图 5-7 所示，单击

"显示纸张颜色"后的"颜色"按钮，系统弹出"标准"对话框，选择白色，单击"确定"按钮，图纸颜色修改完成。

图 5-6　选择"属性"命令

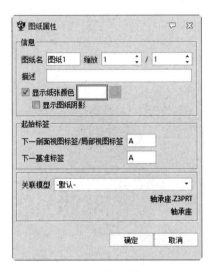

图 5-7　设置图纸颜色

（5）创建全剖视图。单击"布局"选项卡"视图"面板中的"全剖视图"按钮，系统弹出"全剖视图"对话框，选择主视图为基准视图，在主视图中心线的延伸线上指定两点确定剖切线的位置，设置方式为"修剪零件"，位置为"正交"，视图标签为"A"，如图 5-8 所示。向右移动鼠标指针，在适当位置放置全剖视图，如图 5-9 所示。

图 5-8　"全剖视图"对话框参数设置

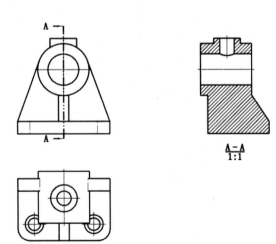

图 5-9　全剖视图

（6）创建辅助视图。单击"布局"选项卡"视图"面板中的"辅助视图"按钮，系统弹出"辅助视图"对话框，选择主视图为基准视图，选择图 5-10 所示的直线，设置其他参数，如图 5-11 所示。沿投影线移动鼠标指针，在适当位置单击放置辅助视图。切换至"标签"选项卡，选择"视图上方"单选按钮，将标签放置在视图上方，修改文本字高为"8"，如图 5-12 所示。切换至"箭头"选项卡，在"标题"选项组中选择第一种箭头格式"←A"，将第一箭头长度设置为"8"和"10"，将箭头线型设置为实线，如图 5-13 所示。单击"确定"按钮，辅助视图如图 5-14 所示。

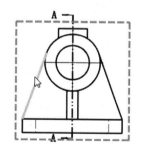

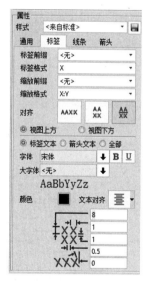

图 5-10　选择直线　图 5-11　"辅助视图"对话框参数设置　图 5-12　"标签"选项卡参数设置

（7）修改图纸格式属性。由图 5-14 可以看出，选择的 A3 图纸的尺寸不太合适。在"图纸管理"管理器中右击"图纸格式 A3_H（GB_chs）"，系统弹出快捷菜单，选择"图纸格式属性"命令，如图 5-15 所示。系统弹出"图纸格式属性"对话框，在"模板"下拉菜单中选择 A2_H（GB_chs）模板，如图 5-16 所示。单击"确定"按钮，将 A3 图纸修改为 A2 图纸。

（8）修改标签。双击左视图，系统弹出"视图属性"对话框，切换至"标签"选项卡，选择"视图上方"单选按钮，如图 5-17 所示，将标签放置在视图上方。切换至"文字"选项卡，将文字字高设置为"8"，如图 5-18 所示。单击"确定"按钮，修改标签结果如图 5-19 所示。

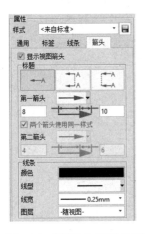

图 5-13　"箭头"选项卡参数设置

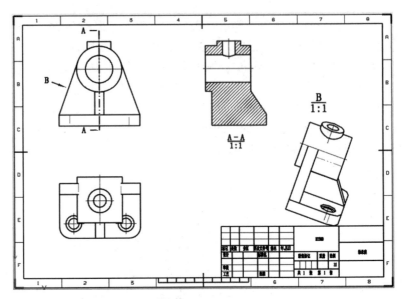

图 5-14　辅助视图

图 5-15　选择"图纸格式属性"命令　　　　　图 5-16　选择模板

（9）修改剖切线。双击主视图上的剖切线"A—A"，系统弹出"属性"对话框，在"通用"选项卡中将线型修改为"长点画线"，将第一箭头长度设置为"8"和"10"，勾选"两个箭头使用同一样式"复选框，如图 5-20 所示。切换至"文字"选项卡，将文字字高设置为"8"，如图 5-21 所示。单击"确定"按钮，修改后的工程图如图 5-22 所示。

图 5-17 "标签"选项卡参数设置

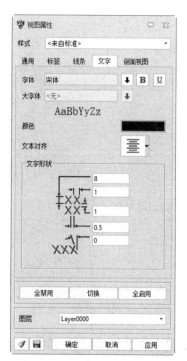

图 5-18 "文字"选项卡参数设置

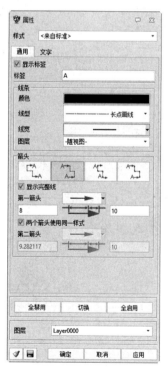

图 5-19 修改标签结果　　图 5-20 "通用"选项卡参数设置　　图 5-21 "文字"选项卡参数设置

（10）在工程图中双击剖面线，系统弹出"填充属性"对话框，将间距设置为"4"，如图 5-23 所示。单击"确定"按钮，修改剖面线结果如图 5-24 所示。

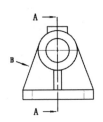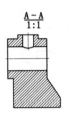

图 5-22　修改后的工程图

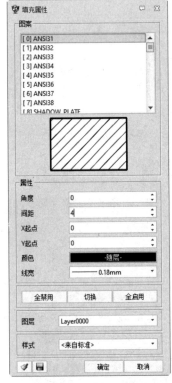

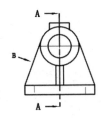

图 5-23　"填充属性"对话框参数设置　　　　图 5-24　修改剖面线结果

（11）移动视图。右击辅助视图，在弹出的快捷菜单中取消勾选 "对齐"命令，如图 5-25 所示。将视图移到适当位置，如图 5-26 所示。

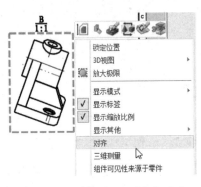

图 5-25　取消勾选 "对齐"命令　　　　　　图 5-26　将视图移到适当位置

【知识拓展】

一、新建工程图

工程图的创建途径有以下两种。

（1）从零件/装配体创建工程图。此时，零件/装配体与工程图相关联。

在一个打开的零件/装配体文件中单击 DA 工具栏中的"2D 工程图"下拉按钮 ，在下拉菜单中选择"2D 工程图"命令，如图 5-27 所示；或在绘图区空白处右击，在弹出的快捷菜单中选择"2D 工程图"命令，如图 5-28 所示。

图 5-27　选择"2D 工程图"命令　　　图 5-28　在快捷菜单中选择命令

执行上述命令，系统弹出"选择模板"对话框，如图 5-29 所示。选择一个模板来创建新的 2D 工程图，同时系统弹出"标准"对话框，如图 5-30 所示。在图纸区域插入视图即可创建该零件/装配体的工程图。

图 5-29　"选择模板"对话框　　　图 5-30　"标准"对话框

（2）创建独立的工程图。

单击快速访问工具栏中的"新建"按钮，或选择菜单栏中的"文件"→"新建"命令，系统弹出"新建文件"对话框，如图 5-31 所示。选择一个模板来创建新的 2D 工程图。

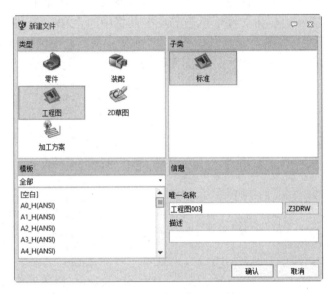

图 5-31 "新建文件"对话框

二、标准视图

单击"布局"选项卡"视图"面板中的"标准"按钮，系统弹出"标准"对话框，如图 5-32 所示。该对话框中部分选项的含义如下。

（1）视图：从下拉菜单中选择一个视图。

（2）定向视图工具：灵活定位视图投影方向。单击该按钮，系统弹出"定向视图工具"对话框，如图 5-33 所示。该对话框中提供了"沿方向"和"使用当前视图"两种方式。

1）沿方向：选择该方式，需设置方向 1/方向 2 参数。选择 X/Y/Z 方向的向量作为视图投影方向，可向上或向右。当向量向上时，表示平行于屏幕平面并指向屏幕上侧的方向；当向量向右时，表示平行于屏幕平面并指向屏幕右侧的方向。

2）使用当前视图：记录某一时刻小窗口中的 3D 模型姿态，确定视图投影方向。

标准视图操作示例如图 5-34 所示。

三、投影视图

单击"布局"选项卡"视图"面板中的"投影"按钮，系统弹出"投影"对话框，如图 5-35 所示。该对话框中部分选项的含义如下。

图 5-32　"标准"对话框

图 5-33　"定向视图工具"对话框

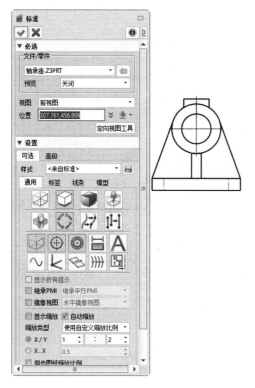

图 5-34　标准视图操作示例

图 5-35　"投影"对话框

（1）基准视图：选择要投影的三维布局视图。

（2）位置：选择视图的位置。移动光标至顶部、底部、左边或右边，将创建该方向上的一个投影视图。

（3）投影：创建视图时，设定使用的投影类型，支持第一视角与第三视角投影。

（4）标注类型：指定创建剖视图所标注的类型为真实标注还是投影标注。真实标注是由其标注的真实 3D 对象确定的，投影标注是常见的 2D 标注，仅使用投影后生成的 2D 对象来确定尺寸。

（5）箭头偏移：设置投影箭头与基准视图的偏移距离。

（6）"箭头"选项卡。单击"箭头"标签，打开"箭头"选项卡，如图 5-36 所示。

1）显示视图箭头：勾选该复选框，显示视图箭头，并可以设置箭头属性。

2）箭头格式：可选择 3 种箭头格式。

3）第一箭头/第二箭头：可从下拉菜单中选择箭头的类型，可分别设置箭头引线的长度和箭头头部的大小。

4）两个箭头使用同一样式：勾选该复选框，第二箭头与第一箭头保持相同样式。

5）颜色、线型、线宽：设置箭头的颜色、线型和线宽。

6）图层：将箭头指定给一个图层。若选择"-随视图-"选项，则该箭头在视图所在图层上。

投影视图操作示例如图 5-37 所示。

图 5-36 "箭头"选项卡

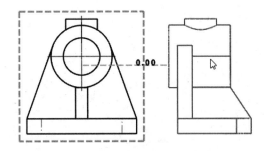

图 5-37 投影视图操作示例

四、辅助视图

单击"布局"选项卡"视图"面板中的"辅助视图"按钮，系统弹出"辅助视图"对话框，如图 5-38 所示。该对话框中部分选项的含义如下。

（1）基准视图：选择要投影的三维布局视图。

（2）直线：选择定义辅助视图的直线。

（3）位置：选择辅助视图放置位置。

注意

辅助视图位置需要与所选直线垂直。如果没有空间放置辅助视图，则可在任何位置放置，确定位置后，双击该视图，将其移动到更合适的位置。

图 5-38　"辅助视图"对话框

五、全剖视图

在需要反映零件的内部结构时，往往会用到剖视图。这里需要注意的是，对于实心零件，一般不作纵向（与零件轴线平行的方向）全剖或半剖，即"不剖"，但作横向剖切（与零件轴线垂直的方向）。除实心零件外，还有一些零件也是"不剖"的，如螺母、垫圈、齿轮和轮齿等。

在对零部件进行剖切时可以定义组件的剖切状态和填充状态。下面介绍剖面选项设置的两种途径。

1. 在零件的"属性"对话框中进行设置

在"历史管理"管理器中右击零件名称，在弹出的快捷菜单中选择"属性"命令，如

图 5-39 所示。系统弹出"属性"对话框，如图 5-40 所示。通过"不剖切"复选框和"不填充"复选框，可设置是否对零件进行剖切和填充。

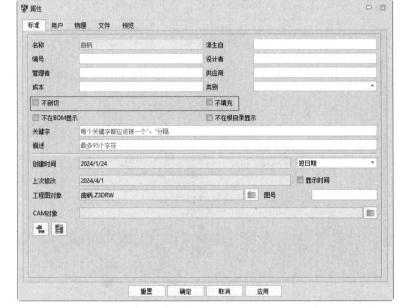

图 5-39 选择"属性"命令　　　　　　　　图 5-40 "属性"对话框

2. 在创建剖视图时进行设置

当创建装配的剖面视图时，在"属性"对话框设置的属性均可被继承，如图 5-41 所示。如果要重定义组件的剖面和填充状态，可在"全剖视图"对话框、"对齐剖视图"对话框、"3D 命名剖视图"对话框、"弯曲剖视图"对话框中的"剖面选项"选项组中取消勾选"组件剖切状态来源于零件"和"组件填充状态来源于零件"复选框，然后在列表中选中组件，右击，在弹出的快捷菜单中选择"不剖切"或"请勿填充"命令，如图 5-42 所示。

执行"全剖视图"命令可为一个视图创建不同的剖视图。

单击"布局"选项卡"视图"面板中的"全剖视图"按钮，系统弹出"全剖视图"对话框，如图 5-43 所示。该对话框中部分选项的含义如下。

（1）必选。

1）点：选择剖面的点，定义剖面的位置。

2）位置：选择剖视图的放置位置。

（2）剖面方法。

1）方式：选择显示方式。可选择的方式有以下几种。

① 剖面曲线：只显示横截面轮廓。

② 修剪零件：显示整个零件的隐藏线视图（移除被剖视掉的体积）。

③ 修剪曲面：应用于有缺陷的几何体，显示修剪曲面（开放或封闭）的剖面曲线。如果使用修剪零件法无法进行修剪，则使用该方法。

图5-41　取消勾选两个复选框　　图5-42　快捷菜单　　图5-43　"全剖视图"对话框

2）闭合开放轮廓：如果在生成的剖面中存在开放轮廓，勾选此复选框则自动闭合开放的轮廓。

3）自动调整填充间隔和角度：勾选该复选框后，基于剖面曲线计算出的剖面填充间隔和角度将用于创建填充。如果不勾选该复选框，则将使用"填充属性"对话框中的值进行剖面填充。

4）继承基准视图的剖切：勾选该复选框，则剖视图将继承基础视图的之前所有剖切效果，即在当前基础视图的样子上作剖切，类似于在一个剖视图上继续作剖视图。若不勾选该复选框，则把基础视图还原为最原始的没有任何剖切效果的零件，再作剖切。

5）位置：决定剖视图相对于基准视图的位置，可从以下选项中选择。

① 水平：剖视图位于指定点且与基准视图平行。

② 垂直：剖视图位于指定点且与基准视图垂直。

③ 正交：剖视图位于指定点且与基准视图正交（垂直）。

④ 无：剖视图位于指定点。

6）剖面深度：设置剖面深度的值后，可以将模型在此距离之外的结构裁剪掉，从而在最终生成的剖视图中，仅显示模型的部分内容，达到精简视图的目的。

7）放置角度：基于工程图对视图进行旋转，可从以下选项中选择。

① 默认：剖视图位于指定点且放置角度为默认角度。

② 水平：剖视图位于指定点且放置角度与原视图平行。

③ 垂直：剖视图位于指定点且放置角度与原视图垂直。

④ 自定义：剖视图位于指定点且放置角度为用户指定角度。

（3）剖面线。

1）视图标签：系统默认自动生成的标签可以进行修改。可输入视图标签，例如："A"即"剖面 A-A"。

2）反转箭头：勾选此复选框，则反转剖面箭头（如剖视方向）。

3）显示阶梯线：如果阶梯线在定义点之间，则勾选此复选框以显示它们。

（4）剖面选项。

1）组件剖切状态来源于零件：若勾选该复选框，则组件的剖切状态来源于它本身的零件属性设置。

2）组件填充状态来源于零件：若勾选该复选框，则组件的填充线是否显示取决于它本身的零件属性设置。

3）填充颜色来源于零件：若勾选该复选框，则组件的填充线颜色来源于组件本身的零件颜色。

> **注意**
>
> 在创建全剖视图时，默认视图标签放置在视图的下方，并且在"全剖视图"对话框中不能修改视图标签位置。可以在全剖视图创建完成之后，双击该视图，系统弹出"视图属性"对话框，选择"视图上方"单选按钮即可将视图标签放置在视图的上方。

六、图纸属性

单击"布局"选项卡"图纸"面板中的"属性"按钮，在"工程图"管理器中选择要进行属性设置的图纸，单击鼠标中键，系统弹出"图纸属性"对话框，如图 5-44 所示。该对话框中部分选项的含义如下。

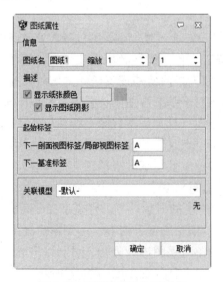

图 5-44 "图纸属性"对话框

（1）信息：指定图纸的基本信息，包括设置图纸名称及图纸的缩放比例，图纸是否使用背景色及阴影等，也可以为图纸添加具体的描述。

> **注意**
>
> 只有创建视图时，选择的是使用图纸缩放比例，图纸的缩放比例对于视图的缩放才会有效。该设置对于其他情况的视图和在工程图下创建的几何体都是无效的。缩放后的视图标注不会发生改变，但对应标注的线性缩放因子属性会发生改变。例如，如果工程图的缩放比例为 0.5，则标注的线性缩放因子会设置为 2.0 以进行补偿。

（2）起始标签：指定视图或基准标注的起始标签。中望 3D 会自动递增该标签值。

（3）关联模型：选择关联到不同的 3D 对象。当图纸里有来自不同的 3D 对象的视图时，可以选择要关联的 3D 对象。

七、图纸格式属性

单击"布局"选项卡"图纸"面板中的"图纸格式属性"按钮，在"工程图"管理器中选择要进行格式设置的图纸，单击鼠标中键，系统弹出"图纸格式属性"对话框，如图 5-45 所示。该对话框中部分选项的含义如下。

图 5-45　"图纸格式属性"对话框

（1）使用标准模板：选择该项，可在"模板"下拉菜单中选择符合要求的模板。

（2）使用自定义图纸格式：选择该项，则用户可自定义图纸格式，如图 5-46 所示。

1）图纸尺寸：包括两种选择方式。第一种是在"纸张大小"下拉菜单中选择所需图纸大小，如图 5-47 所示。第二种是自定义图纸大小，则需设置"宽度"和"高度"值。

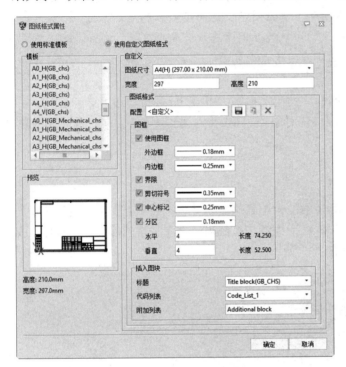

图 5-46　使用自定义图纸格式

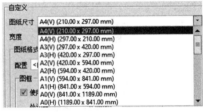

图 5-47　"纸张大小"下拉菜单

2）配置：选择无配置或者自定义图纸格式。若选择"自定义"，则需设置"图框"和"插入图块"参数。

① 图框。

- 使用图框：勾选该复选框，激活图框部分的其他选项。只有"配置"选择为"自定义"时，该选项才可用。
- 外边框：设置外边框线宽度。
- 内边框：设置内边框线宽度。
- 界限/中心标记/剪切符号：勾选这些复选框，在图纸边框上显示图纸范围、中心标记、剪切符号等信息。
- 分区：勾选该复选框，将图纸边框在水平和垂直方向等分，需设置"水平"和"垂直"参数值。

② 插入图块：指定图纸的标题、代码列表和附加列表。

八、视图属性

在创建视图之后，可以通过不同方式修改视图属性。

单击"布局"选项卡"编辑视图"面板中的"视图属性"按钮，选择要修改的视图并单击鼠标中键，或者双击要修改的视图，系统弹出"视图属性"对话框，如图 5-48 所示。该对话框包含"通用""标签""线条""文字"和"组件"5 个选项卡，下面对各选项卡进行介绍。

图 5-48　"视图属性"对话框

（1）"通用"选项卡。

1）图标。

"通用"选项卡中各图标及选项的含义如下。

① （线框）、 （消隐）、 （着色）、 （快速消隐）：设置线框、消隐线、着色或快速消隐等显示模式。

② （相交造型的消隐检查）：开启该模式，不仅可以检查造型间的相交关系，还会修剪装饰螺纹，从而改善视图质量。该模式导致视图重生成较慢，但是当造型相交或装饰螺纹穿过面边缘时，能生成较好的隐藏线。关闭该模式，视图重生成很快，但是不会检查相交造型和装饰螺纹。

③ （启用视图重生成）：如禁用重新生成视图，模型中所作的任何修改，将不会自动更新到图纸上。当 （着色）和 （快速消隐）式为启用时，该选项被禁用。

📖注意

　　在圆形、矩形或多边形的局部视图中，视图重生成不可用，可在它们的基准视图中使用该选项。该选项对这些视图是禁用的。

④ （将曲线转换为圆弧）：在视图中，将样条曲线转换为圆弧和线段。

⑤ （删除重复曲线）：过滤掉重叠和重复的线和圆弧。

⑥ （显示消隐线）：显示被隐藏的线。

⑦ ⊕（显示中心线）：使用该命令可自动显示孔、圆柱面和圆锥面的中心线。

⑧ ◎（显示螺纹）：如该零件在孔上有附加螺纹属性，该螺纹可以显示在新的布局视图中。在工程图中，被称为装饰螺纹。

⑨ ▤（显示零件标注）：所有平行于视图平面的零件标注将会显示出来。

⑩ A（显示零件文字）：开启该模式，所有 3D 注释文字将会显示出来。

⑪ ∧（显示零件的 3D 曲线）：开启该模式，则显示零件中的三维线框曲线或草图（如果是可见的）。如果该零件包含拓扑结构（如特征几何体），它同样显示出来。如果该零件不包含拓扑结构，中望 3D 将检查是否可以定位一个不为空的草图。如果找到了一个，它将与其他的曲线一起显示。对于没有拓扑结构的零件，显示模式应设置为线框。

⑫ ∠（显示 3D 基准点）：基准最初显示为红色的"＋"（加号）。可以使用点属性对话框 （对点单击右键选择属性 或 属性 ＞ 编辑），改变它的属性。基准点将增加到视图中，而且是可标注的。

⑬ ◇（显示钣金折弯线）：显示展开钣金的折弯线。

⑭ ⫲（显示来自零件的焊接符号）：当视图为线框或消隐线模式该选项会被激活，开启该模式后可显示由零件生成的焊缝符号。

⑮ 圌（显示投影基准）：显示基准平面。

2）显示缩放：显示视图的缩放比例。

3）缩放类型：从以下选项中选择视图的缩放类型。

① 使用自定义缩放比例：使用 X/Y 或 X.X 字段来设置视图的缩放值。此缩放值只对该视图有效。

② 使用图纸缩放比例：如果修改了图纸的缩放值，视图也会进行相应的缩放。

③ 使用父视图缩放比例：视图缩放与父视图保持一致。如果父视图使用了图纸缩放比例，那么当图纸被缩放时，该视图也会缩放。如果父视图被删除了，那么该视图的缩放类型会被设为使用自定义缩放比例选项。

4）X/Y 或 X.X：设置缩放比例（如 2/1）或小数（如 2.0）的显示模式。输入所需的小数或比例值。其中一个值改变，另一个值也会随之改变。

5）继承 PMI：继承零件环境中标注的 PMI。

① 继承全部 PMI：继承全部零件环境中标注的 PMI。

② 继承平行 PMI：继承零件环境中标注的平行 PMI。

③ 继承视图：继承视图环境中标注 PMI。

6）同步图纸缩放比例：视图默认同步图纸的缩放比例。

7）显示标签：在布局视图的下方显示标签（如前视图）。更多信息，参见修改布局视图标签。

8）标签：视图标签是基于创建的视图类型（如俯视、前视图等）自动生成的。剖面视图和局部视图是自动排序的（如剖面 A-A、局部 B 等）。如果想自定义一个标签，可以在这里输入。

（2）"标签"选项卡。单击"标签"按钮，打开"标签"选项卡，如图 5-49 所示。该选项卡中各选项的含义如下。

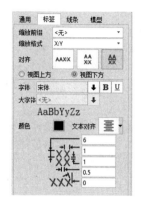

图 5-49 "标签"选项卡

1）缩放前缀：可从下拉菜单中选择前缀的显示方式。

2）缩放格式：可从下拉菜单中选择缩放比例的显示方式。

3）对齐：选择标签的对齐方式。

4）视图上方和视图下方：可选择视图上方或视图下方来设置标签的位置。

5）设置标签的文字属性，如字体，颜色等。

（3）"线条"选项卡。单击"线条"按钮，打开"线条"选项卡，如图 5-50 所示。该选项卡中各选项的含义如下。

1）设置方式：可从下拉菜单中选择不同的线条设置方式。可统一设置可见线或消隐线的线条样式，或者同时设置所有的线条样式，或者单独设置被选线条的样式。

2）颜色、线型、线宽：这些选项对在上表中选择的类型设置属性。当您选择了一个颜色、线型或宽度，它们将自动指定给选择的线条类型。

（4）"文字"选项卡如图 5-51 所示。该选项卡用于修改标签的字体、颜色、文本对齐样式和文字形状参数。

（5）"组件"选项卡如图 5-52 所示。该选项卡中各选项的含义如下。

1）对象选择模式：可选排除、包含、图层三种模式。

- 排除：选择该模式，生成的工程图为当前造型所设置的隐藏/显示状态，且隐藏/显示状态可以在图层管理器中对应工程图设置。

- 包含：选择该模式，生成的工程图为当前造型所设置的隐藏/显示状态，但是隐藏/显示状态不可以在图层管理器中对应工程图设置，只要选择了隐藏，该造型不会被显示。

- 图层：选择该模式，可快速设置每个图层中所有造型的隐藏/显示，生成的工程图为当前造型所设置的隐藏/显示状态，

2）显示造型：勾选该复选框，则所有造型会显示在下方列表中，包括实体、曲面、装配等。

3）显示封套：勾选该复选框，预览效果包括正常组件和封套组件，文件列表显示正常组件和封套组件。

4）组件可见性来源于零件：勾选该复选框，则组件是否可见取决于该组件所在零件。若该组件在零件中显示，则在布局中显示。若该组件在零件中隐藏，则在布局中也隐藏。

图 5-50　"线条"选项卡

图 5-51　"文字"选项卡

✐注意

如果启用"⬛着色"模式，那么此选项卡上的所有选项均被禁用。

利用"视图属性"命令修改标签位置的操作示例如图 5-53 所示。

图 5-52　"组件"选项卡

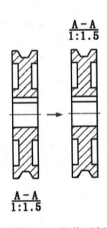

图 5-53　操作示例

九、编辑剖面线

如果通过"全剖视图"命令创建剖视图，则在创建视图后可以编辑剖面线。

在工程图中双击剖面线，系统弹出"填充属性"对话框，如图 5-54 所示。在该对话框中可以更改剖面线图案和属性以及放置图层等。编辑剖面线操作示例如图 5-55 所示。

图 5-54 "填充属性"对话框

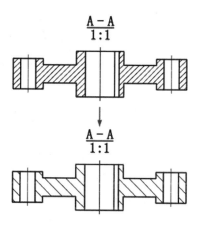

图 5-55 编辑剖面线操作示例

十、移动视图

默认情况下，不是每个视图都可以被拖动到任意位置。例如，投影视图和剖视图仅能沿着投影方向移动。因此，如果要将它们移动到任意位置，需按以下步骤操作。

（1）右击视图，在弹出的快捷菜单中取消勾选图 5-56 所示的"对齐"命令。

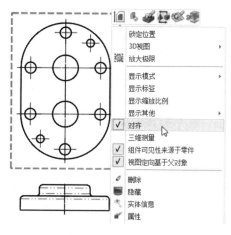

图 5-56 "对齐"命令

（2）拖动视图到任意位置。

（3）如果想要重新获得原始关联，勾选"对齐"命令即可。

任务二　绘制机用虎钳工程图

【任务导入】

创建如图 5-57 所示的机用虎钳工程图。

微课视频

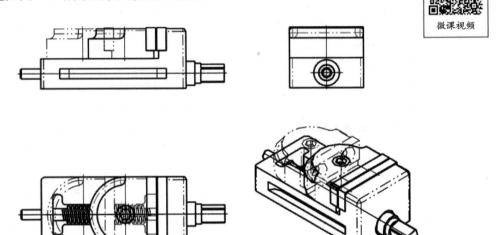

图 5-57　机用虎钳工程图

【学习目标】

（1）复习巩固标准视图和投影视图的创建。

（2）学习交替位置视图的创建。

【思路分析】

在本任务中，读者需要绘制机用虎钳工程图。首先打开机用虎钳源文件，并创建配置；然后新建工程图，创建标准视图及其投影视图；最后创建交替位置视图。

【操作步骤】

（1）打开"机用虎钳"源文件。

（2）新建配置。单击"工具"选项卡"插入"面板中的"配置表"按钮 ，系统弹出"配置表"对话框，单击"新建配置"按钮，系统弹出"新建配置"对话框，配置名设置为"配置 1"，描述设置为"钳口打开"，如图 5-58 所示。单击"确认"按钮，返回"配置表"对话框，此时，在"配置名称"列表中增加了"配置 1"，如图 5-59 所示。

（3）拖动活动钳口。单击"确认"按钮，关闭对话框。在"历史管理"管理器中双击"配置 1"将其激活，拖动活动钳口至适当位置，如图 5-60 所示。

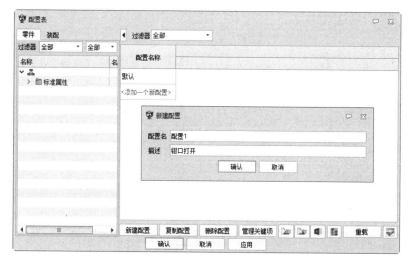

图 5-58　"配置表"对话框与"新建配置"对话框　　　图 5-59　"配置名称"列表

（4）激活"默认"配置。在"历史管理"管理器中双击"默认"配置将其激活。

（5）新建工程图。单击 DA 工具栏中的"2D 工程图"按钮，系统弹出"选择模板"对话框，选择 A2_H（GB_chs）模板，单击"确认"按钮，进入工程图界面。

（6）创建标准视图及其投影视图。系统弹出"标准"对话框，自动选择"机用虎钳.Z3"文件，在图纸区域适当位置单击放置主视图，然后依次投影出俯视图、左视图和轴测图，标准视图及其投影视图如图 5-61 所示。

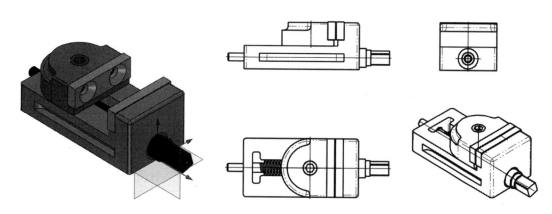

图 5-60　拖动活动钳口　　　　　　　　　图 5-61　标准视图及其投影视图

（7）创建主视图的交替位置视图。单击"布局"选项卡"视图"面板中的"交替位置视图"按钮，系统弹出"交替位置视图"对话框，首先选择主视图，在"零件配置"下拉菜单中系统自动选择"配置 1"，如图 5-62 所示。单击"确定"按钮，主视图的交替位置视图如图 5-63 所示。

（8）创建俯视图和轴测图的交替位置视图。采用同样的方法，分别选择俯视图和轴测图创建交替位置视图，结果如图 5-64 所示。

图 5-62　"交替位置视图"对话框参数设置

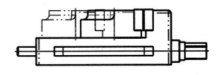

图 5-63　主视图的交替位置视图

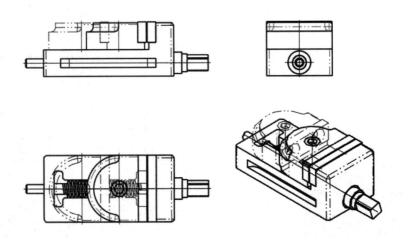

图 5-64　交替位置视图结果

【知识拓展】

一、工程图配置

选择菜单栏中的"实用工具"→"配置"命令，系统弹出"配置"对话框，选择"2D"选项卡，如图 5-65 所示。"工程图"选项组中各选项的含义如下。

（1）默认自动启用视图类型：第一次从零件/装配进入工程图时，选择自动启用的命令是标准视图命令还是视图布局命令。

（2）自动启动投影视图命令：勾选该复选框，使用标准视图命令后会自动启用投影视图命令。

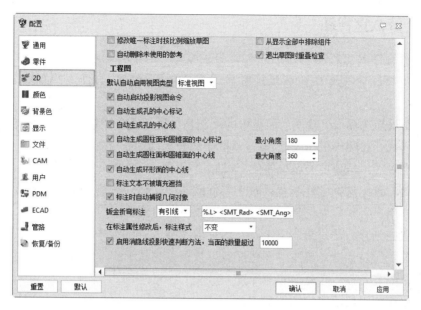

图5-65 "2D"选项卡

（3）自动生成孔的中心标记：勾选该复选框，创建视图时会自动生成孔的中心标记。

（4）自动生成孔的中心线：勾选该复选框，创建视图时会自动生成孔的中心线。

（5）自动生成圆柱面和圆锥面的中心标记：勾选该复选框，创建视图时会自动生成弧度在最小角度和最大角度之间的圆柱面和圆锥面的中心标记。

（6）自动生成圆柱面和圆锥面的中心线：勾选该复选框，创建视图时会自动生成弧度在最小角度和最大角度之间的圆柱面和圆锥面的中心线。

（7）自动生成环形面的中心线：勾选该复选框，创建视图时会自动生成环形面的中心线。

（8）标注文本不被填充遮挡：勾选该复选框，当使用剖面线填充视图时，标注文本不被剖面线遮挡。

（9）标注时自动捕捉几何对象：勾选该复选框，标注时自动捕捉几何对象；若不勾选该复选框，则不启用捕捉过滤器面板中的"启用智能选择"选项。

（10）钣金折弯标注：控制钣金折弯标注在工程图中是否显示带引线（箭头）。用户可手动编辑后面的格式控制文本。

（11）在标注属性修改后，标注样式：控制标注属性修改后，标注样式是否发生变化。

1）不变：保留当前行为。标注属性修改后，不会影响样式管理器中原来的设置。

2）自动更新：对样式的修改，自动在命令执行时保存到当前命令所使用的样式。

3）更改为自定义：自动把标注面板的样式设置为自定义。

（12）启用消隐线投影快速判断方法，当面的数量超过：勾选该复选框，可调整面数量，默认值为10 000，允许最小值为5000。

二、交替位置视图

交替位置视图是工程图创建中一种常见的视图，用于表示零件或装配在不同配置时的位置状态。同一个视图中，可以同时显示多个位置状态，方便用户观察零件/组件状态的变化。

单击"布局"选项卡"视图"面板中的"交替位置视图"按钮，系统弹出"交替位置视图"对话框，如图 5-66 所示。该对话框中部分选项的含义如下。

（1）基准视图：选择要交替位置的三维布局视图。

（2）零件配置：选择零件配置。对于零件或装配文件，只能基于现有配置创建交替位置视图，所以用户必须事先创建好配置才能完成视图的创建。

零件配置的创建方法：单击"工具"选项卡"插入"面板中的"配置表"按钮，系统弹出"配置表"对话框，单击"新建配置"按钮，系统弹出"新建配置"对话框，在该对话框中设置配置名称后即可创建新配置。

交替位置视图操作示例如图 5-67 所示。

图 5-66 "交替位置视图"对话框

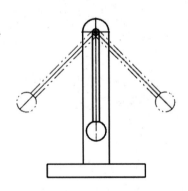

图 5-67 交替位置视图操作示例

任务三 绘制阶梯轴工程图

【任务导入】

创建如图 5-68 所示的阶梯轴工程图。

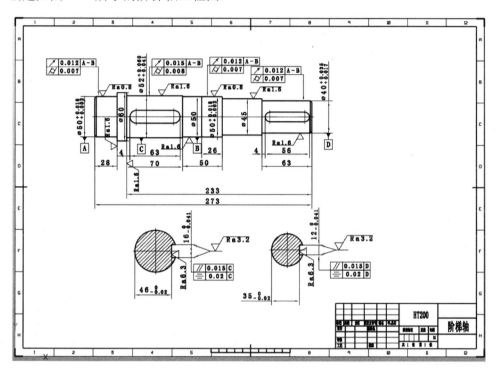

图 5-68 阶梯轴工程图

【学习目标】

（1）学习 3D 裁剪视图的创建方法。

（2）学习尺寸、基准、形位公差、注释和粗糙度的标注方法。

（3）学习标题栏的修改方法。

【思路分析】

在本任务中，读者需要绘制阶梯轴工程图。首先新建工程图文件，并创建标准视图、投影视图和 3D 裁剪视图；然后对工程图进行尺寸、基准、形位公差和粗糙度标注；最后修改标题栏。

【操作步骤】

1. 绘制工程图

（1）打开"阶梯轴.Z3PRT"源文件。

（2）单击 DA 工具栏中的"2D 工程图"按钮 ，系统弹出"选择模板"对话框，选择

微课视频

A2_H（GB_chs）模板，如图 5-69 所示。

（3）创建主视图。单击"确认"按钮，进入工程图界面。系统弹出"标准"对话框，选择视图为前视图，在"通用"选项卡中取消对"显示消隐线"选项的选择，设置缩放类型为"使用自定义缩放比例"，比例值为 1∶1，创建主视图。

（4）创建投影视图。系统弹出"投影"对话框，向右拖动鼠标指针并在适当位置单击，创建左视图，主视图和左视图如图 5-70 所示。

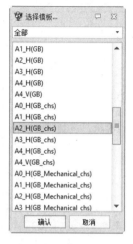

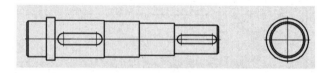

图 5-69　"选择模板"对话框　　　　　　　图 5-70　主视图和左视图

（5）修改图纸颜色。在"图纸管理"管理器中右击"图纸 1"名称，在弹出的快捷菜单中选择"属性"命令，如图 5-71 所示。系统弹出"图纸属性"对话框，单击"显示纸张颜色"后的按钮▭，系统弹出"标准"对话框，如图 5-72 所示。将图纸颜色设置为白色，单击"确定"按钮，图纸颜色设置完成。

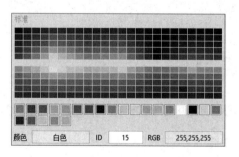

图 5-71　选择"属性"命令　　　　　　　图 5-72　"标准"对话框

（6）关闭栅格。单击 DA 工具栏中的"栅格管"按钮▦，关闭图纸栅格显示。

（7）创建 3D 裁剪视图 1。单击"布局"选项卡"视图"面板中的"3D 裁剪"按钮▨，系统弹出"3D 裁剪"对话框，单击"通过切割面显示截面"按钮◇，选择左视图，单击"预览"按钮，打开"预览"窗口，调整切割面位置，将中心点坐标设置为（60,0,0），设置两切割面之间的距离为"−20mm"，如图 5-73 所示。单击"确定"按钮✔，3D 裁剪视图 1 如图 5-74 所示。

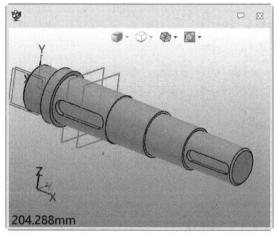

图 5-73　设置裁剪参数

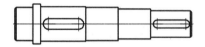

图 5-74　3D 裁剪视图 1

（8）取消对齐。选中左视图，右击，在弹出的快捷菜单中取消勾选"对齐"命令，如图 5-75 所示。

（9）移动视图。拖动左视图的黄色边框，将左视图移动至主视图下方，如图 5-76 所示。

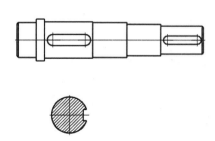

图 5-75　取消对齐　　　　　　　图 5-76　移动视图

（10）再次创建左视图。单击"布局"选项卡"视图"面板中的"投影"按钮 ，系统弹出"投影"对话框，选择主视图将其进行投影。

（11）创建 3D 裁剪视图 2。单击"布局"选项卡"视图"面板中的"3D 裁剪"按钮，系统弹出"3D 裁剪"对话框，单击"通过切割面显示截面"按钮，选择左视图，单击"预览"按钮，打开"预览"窗口，调整切割面位置，将中心点坐标设置为（220,0,0），设置两切割面之间的距离为"–20mm"，单击"确定"按钮，调整视图位置，3D 裁剪视图 2 如图 5-77 所示。

（12）创建偏移线。单击"绘图"选项卡"曲线"面板中的"偏移"按钮，系统弹出"偏移"对话框，选中图 5-78 所示的线，向左偏移 26 mm。

微课视频

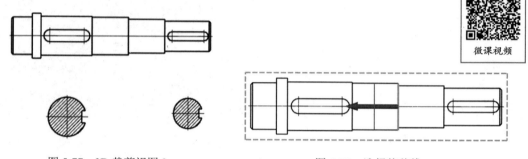

图 5-77　3D 裁剪视图 2　　　　　图 5-78　选择偏移线

2．工程图标注

（1）标注样式设置。单击"工具"选项卡"属性"面板中的"标注"按钮，系统弹出"样式管理器"对话框，文本位置选择"线上"，将公差精度设置为"X.XXX"，公差零显示类型选择第三种"x₀⁺⁰·⁰¹"。切换至"线/箭头"选项卡，将箭头大小设置为"5"。切换至"文字"选项卡，设置文字高度为"6"。单击"应用"按钮，再单击"确定"按钮，关闭对话框。

（2）标注线性尺寸。单击"标注"选项卡"标注"面板中的"标注"按钮，系统弹出"标注"对话框，标注视图中的线性尺寸，如图 5-79 所示。

（3）标注公差。双击最右端的尺寸 ϕ50，系统弹出"修改标注"对话框，将单位公差设置为"不等公差 x±xx"，将线性公差上限设置为"0.018"，线性公差下限设置为"+0.002"，如图 5-80 所示。使用同样的方法，修改所有公差标注，如图 5-81 所示。

（4）标注基准特征符号。单击"标注"选项卡"注释"面板中的"基准特征"按钮，系统弹出"基准特征"对话框，如图 5-82 所示，在"基准标签"输入框中输入"A"，在绘图区选择最右端的尺寸"ø50⁺⁰·⁰¹⁸₊₀·₀₀₂"下侧的尺寸界线，选择基准样式为"水平"，设置比例因子为"1"，显示类型为"正方向 Ⓐ"和"填充三角（60 度）"，定位符号大小为"5"。在"文字"选项卡中设置文字高度为"6"，拖动基准特征符号，在适当位置单击放置，标注基准特征符号如图 5-83 所示。

（5）标注其他基准特征符号。使用同样的方法，标注其他基准特征符号，如图 5-84 所示。

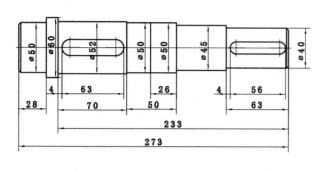

图 5-79 标注线性尺寸　　　　　　　　图 5-80 "修改标注"对话框

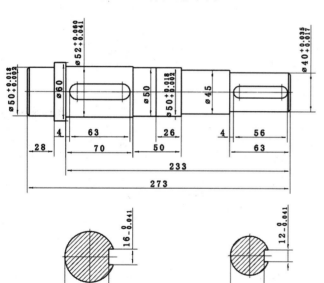

图 5-81 修改所有公差标注　　　　　　图 5-82 "基准特征"对话框

（6）标注形位公差。单击"标注"选项卡"注释"面板中的"形位公差"按钮，系统弹出"形位公差符号编辑器"对话框，在"形位公差符号编辑器"对话框中设置公差参数，如图 5-85 所示。单击"确认"按钮，系统弹出"形位公差"对话框，在"通用"选项卡中，显示样式选择"垂直"，设置比例因子为"1"，角度为"0"，勾选"单元格对齐"复选框，箭头大小均设置为"5"，如图 5-86 所示。切换至"文字"选项卡，将文字高度设置为"5"，然后选择最右端圆柱段，在适当位置单击，拖动鼠标，在适当位置再次单击，然后单击鼠标中键，单击"确定"按钮✔，标注形位公差如图 5-87 所示。

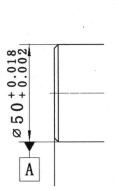

图 5-83　标注基准特征符号

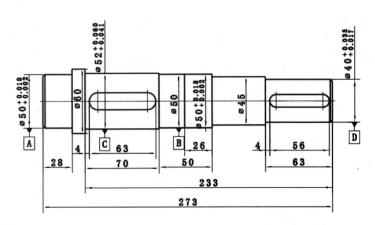

图 5-84　标注其他基准特征符号

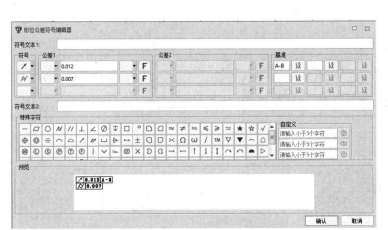

图 5-85　设置公差参数

图 5-86　参数设置

（7）标注其他位置的形位公差。使用同样的方法，标注其他位置的形位公差，如图 5-88 所示。

（8）标注表面粗糙度。单击"标注"选项卡"注释"面板中的"表面粗糙度"按钮✔，系统弹出"表面粗糙度"对话框，符号类型选择"去除材料"，输入粗糙度数值为"Ra0.8"，如图 5-89 所示。在"属性"选项卡中设置文字高度为"5"，在第一段轴和第四段轴标注公差的部分粗糙度，如图 5-90 所示。使用同样的方法，修改定向角度，标注其他位置的粗糙度，如图 5-93 所示。

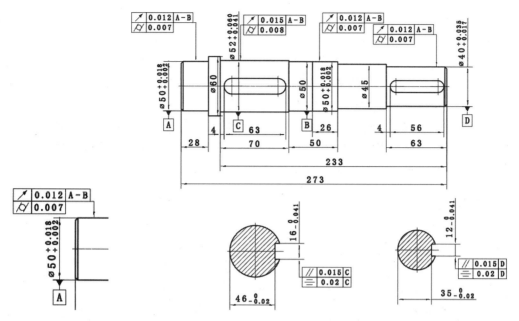

图 5-87　标注形位公差

图 5-88　标注其他位置的形位公差

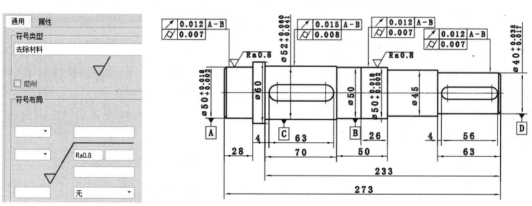

图 5-89　设置粗糙度

图 5-90　标注公差的部分粗糙度

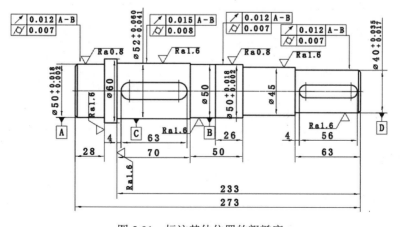

图 5-91　标注其他位置的粗糙度

（9）标注注释引线。单击"标注"选项卡"注释"面板中的"注释"按钮 🖝，系统弹出"注释"对话框，在"通用"选项卡中设置显示为"线上水平折弯 🖚"，设置箭头大小为"6"，折弯设置为"15"，在3D裁剪视图水平中心线的延长线位置单击，然后在"引线插入点"框中单击，分别在键槽宽度尺寸的两尺寸界线处单击，然后单击鼠标中键两次。单击"确定"按钮 ✔，标注注释引线如图5-92所示。

（10）标注3D裁剪视图1的粗糙度。单击"标注"选项卡"注释"面板中的"表面粗糙度"按钮 ✓，系统弹出"表面粗糙度"对话框，设置粗糙度数值，将粗糙度放置在注释引线的折弯位置，标注键槽粗糙度如图5-95所示。使用同样的方法，标注3D裁剪视图2的粗糙度。

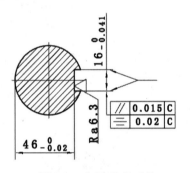

图 5-92　标注注释引线

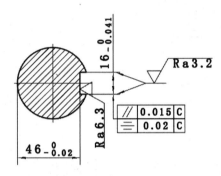

图 5-93　标注键槽粗糙度

（11）修改标题栏。在"图纸管理"管理器中右击"标题栏"，在弹出的快捷菜单中选择"编辑"命令，如图5-94所示。双击图纸名称，修改图纸名称的文字高度为"10"，如图5-95所示。使用同样的方法，修改材料栏的文字高度为"8"，修改完成后单击"退出"按钮 🔁，工程图绘制完成。

图 5-94　选择"编辑"命令

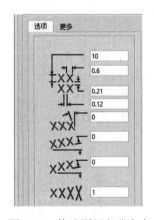

图 5-95　修改图纸名称字高

【知识拓展】

一、3D 裁剪

3D裁剪功能对工程图视图进行投影区间的限制，通过改变矩形裁剪框的位置、大小，实现对模型任意区间的投影控制。

单击"布局"选项卡"视图"面板中的"3D 裁剪"按钮 ，系统弹出"3D 裁剪"对话框，如图 5-96 所示。该对话框中各选项的含义如下，3D 裁剪操作示例如图 5-97 所示。

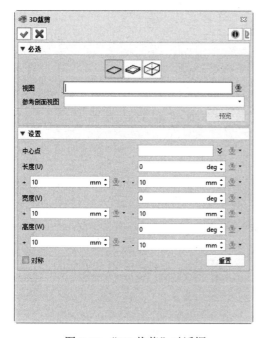

图 5-96　"3D 裁剪"对话框

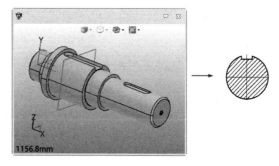

图 5-97　3D 裁剪操作示例

（1）显示截面方式。

1） ：通过平面显示截面。

2） ：通过切割面显示截面。

3） ：通过线框平面显示截面。

（2）视图：选择要进行 3D 裁剪的视图。

（3）参考剖面视图：可选择在零件环境中创建的剖视图。

✎ 注意

　　只有与当前所选的显示截面方式相同且与当前所选视图投影面相同的剖视图，才可以被选择。

（4）中心点：设置 3D 裁剪视图中心点位置。

（5）长度/宽度/高度：设置剖视图的长度/宽度/高度参数。

（6）对称：适用于"通过切割面显示截面"和"通过线框平面显示截面"，勾选该复选框，可进行参数对称。

（7）重置：单击该按钮，可重置参数。

二、设置标注样式

在创建标注之前，需要设置标注样式。

单击"工具"选项卡"属性"面板中的"标注"按钮，系统弹出"样式管理器"对话框，如图 5-98 所示。该对话框中各选项卡的含义如下。

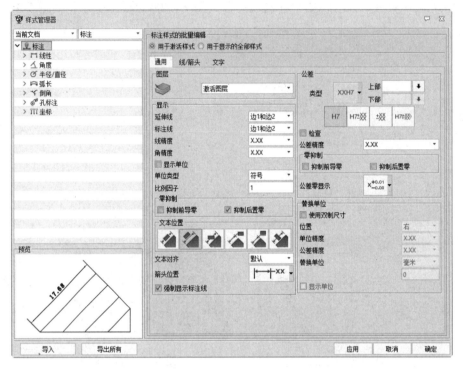

图 5-98 "样式管理器"对话框

1．"通用"选项卡

"通用"选项卡包含了大多数标注属性。

（1）图层。

"图层"选项组指定标注放置的图层。选择"激活图层"选项表示标注总是创建在激活的图层上。

（2）显示。

1）延伸线：选择第一和第二条延伸线，将它们开启或关闭。

2）标注线：选择第一和第二条标注线，将它们开启或关闭。

3）线精度/角精度：指定标注值小数部分的显示方式。

4）显示单位：勾选该复选框，在标注中显示工程图单位。可以使用"编辑"→"参数设置"命令修改工程图的单位。

5）比例因子：指定标注缩放的倍数。

6）零抑制：指定在标注中是否抑制前导零/抑制后置零。

7）文本位置：选择标注文本采用的对齐类型。

8）文本对齐：对标注文字所在侧进行控制。对齐方式可设置为"默认""线上标注"或"线下标注"。

9）箭头位置：将标注线的箭头置于延伸线的里边或外边。

（3）公差。

1）类型：使用下拉菜单选择标注文本所用的公差类型。公差类型如图 5-99 所示。

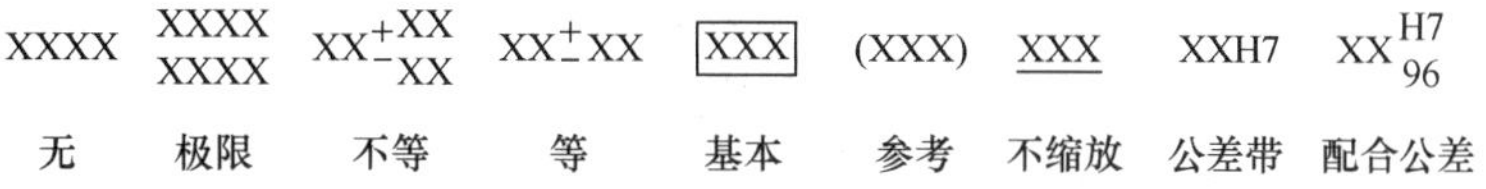

XXXX
XXXX XXXX
XX +XX −XX
XX±XX
XXX
(XXX)
XXX
XXH7
XX H7 96
无
极限
不等
等
基本
参考
不缩放
公差带
配合公差

图 5-99　公差类型

其中，线性标注、基线标注、连续标注、坐标标注、偏移标注、半径/直径标注以及孔标注支持公差带和配合公差。公差带样式与配合公差样式分别如图 5-100 所示和图 5-101 所示。

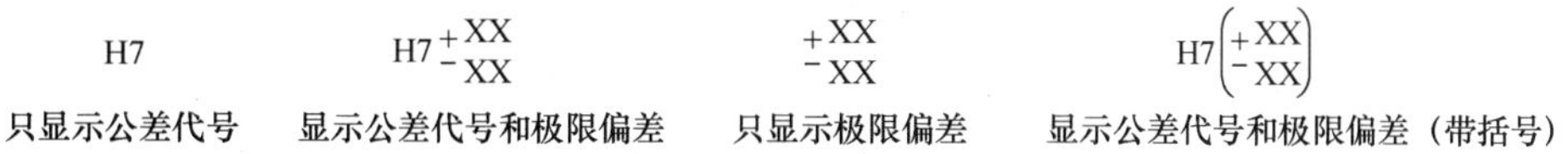

H7
H7 +XX −XX
+XX −XX
H7(+XX −XX)
只显示公差代号
显示公差代号和极限偏差
只显示极限偏差
显示公差代号和极限偏差（带括号）

图 5-100　公差带样式

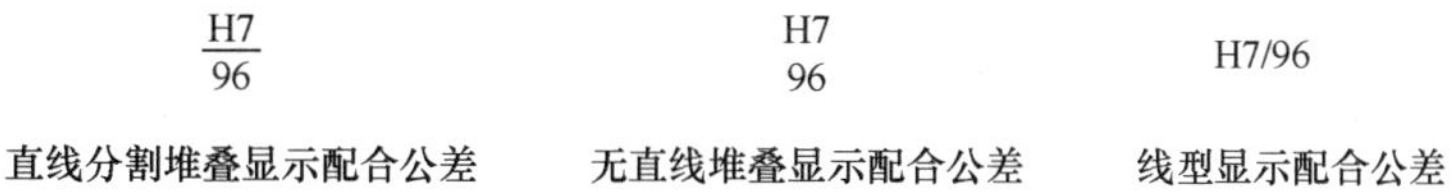

H7 96
H7 96
H7/96
直线分割堆叠显示配合公差
无直线堆叠显示配合公差
线型显示配合公差

图 5-101　配合公差样式

2）上部/下部：设置上/下偏差值。默认情况下，不论有没有“+”号，上偏差值总为正数。然而，如果需要将上偏差值设置为负数，需要在前面加上“−”号。类似地，不论有没有“−”号，下偏差值总为负数。如果需要将下偏差值设置为正数，需要在前面加上“+”号。当公差类型设置为“等公差 **xx±xx** ”时，只有上偏差是可用的。“上部”输入框中输入的值为等公差值。

3）公差查询⬇：单击该按钮，系统弹出“公差查询”对话框，如图 5-102 所示。在该对话框中进行公差查询。公差类型为公差带时，可查询轴公差和孔公差；公差类型为配合公差时，可查询轴公差、孔公差、基轴公差和基孔公差。

公差查询
轴公差
孔公差
自定义公差
尺寸范围 <= 500mm
基本尺寸
0
公差代号
上偏差:
下偏差:
常用公差带
优先选用公差带
确认
取消

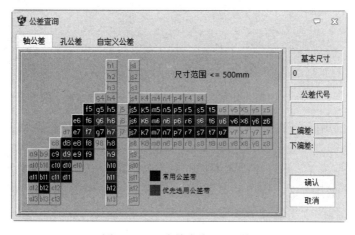

图 5-102 “公差查询”对话框

4）检查：勾选该复选框，将标注指定为检验标注，标注将显示在圆角框中。该设置适用于除基本类型之外的其余公差类型。

5）公差精度：指定公差小数部分的显示方式。

6）零抑制：指定是否抑制公差中的前导零和后置零。

7）公差零显示：选择"不等公差ᵡᵡₓₓ"时，指定"0"偏差的显示方式。

（4）替换单位。

1）使用双制尺寸：为了使用在选项卡中指定的备选单位，必须勾选此复选框。双制尺寸显示在中括号中。

2）位置：指定双制尺寸的位置。

3）单位精度/公差精度：指定双制尺寸中标注值和公差值的小数部分的显示方式。

4）替换单位：从下拉菜单中选择替代的单位。

5）显示单位：勾选该复选框，在双制尺寸中显示替换单位。

2．"线/箭头"选项卡

"线/箭头"选项卡如图 5-103 所示。

（1）标注线。

1）第一箭头/第二箭头：从图 5-104 所示的下拉菜单中选择箭头的类型，在其后的输入框中指定箭头大小。

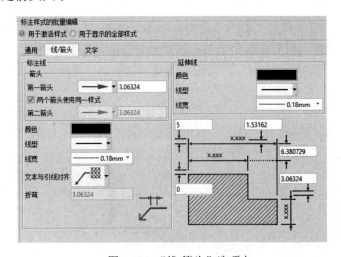 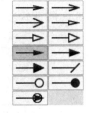

图 5-103 "线/箭头"选项卡　　　　　图 5-104 箭头类型

2）两个箭头使用同一样式：勾选该复选框，第二箭头与第一箭头保持一致。

3）颜色/线型/线宽：设置标注线/延伸线的颜色、类型和宽度。

4）文本与引线对齐：当标注文本为多行内容时，指定标注线指向文本的位置。

5）折弯：当"通用"选项卡中的"文本位置"为"水平折弯 ◢" 或"线上水平折弯 ◢"类型时，指定标注线的水平延伸线长度 。

（2）延伸线。

延伸线参数如图 5-105 所示。

1）超出标注线：输入延伸线超出标注线的距离。

2）文本偏移：输入标注文本相对于标注线的偏移距离。注意，只有当"文本位置"为线上或线上水平折弯类型时，对该选项的设置才有效。

3）标注线间隔：输入连续标注线之间的距离，该选项只对基线标注命令有效。

4）标注线长度：当标注线在延伸线的外面时，指定标注线的长度。

5）延伸线偏移量：输入目标点与延伸线起点之间的距离。

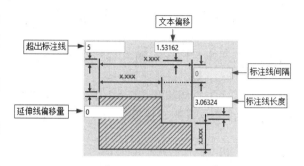

图 5-105 延伸线参数

3. "文字"选项卡

"文字"选项卡包含标注文本的附加属性，包括高度、宽度、垂直间距、水平间距和字体等，如图 5-106 所示。

（1）文字属性。

1）字体：选择"字体选择"按钮，从字体列表中为标注文本选择字体。也可以加粗文本或为文本加下画线。

2）颜色：指定标注文本的颜色。

3）文本对齐：指定多行文本的对齐方式为左对齐、居中或右对齐。

（2）附加文本。

1）**AAXX**：为标注值添加前缀。

2）**XXAA**：为标注值添加后缀。

（3）文字形状。

文字形状参数如图 5-107 所示。

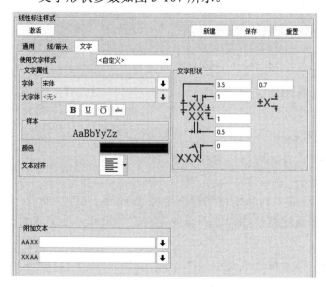

图 5-106 "文字"选项卡

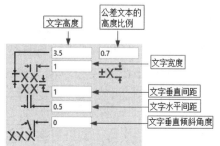

图 5-107 文字形状参数

1）文字高度：输入标注文本的字符高度。

2）文字宽度：输入相对于高度的比例来定义字符宽度（例如，1.0=高度）。

3）文字垂直间距：输入相对于高度的比例来定义多行文本之间的垂直间距（例如，1.0=高度）。

4）文字水平间距：输入相对于高度的比例来定义字符之间的水平间距（例如，0.5=高度/2）。

5）文字垂直倾斜角度：输入每个字符的倾斜角度，以度为单位。如果该选项值为 0，则各个字符是垂直的。正值表示字符往左倾斜，负值表示字符往右倾斜。

三、标注

在草图和工程图中使用"标注"命令，通过选择一个实体或选定标注点进行标注。

单击"标注"选项卡"标注"面板中的"标注"按钮，系统弹出"标注"对话框，如图 5-108 所示。该对话框中部分选项的含义如下。

（1）点 1/点 2：选择标注的第一/二个点。

（2）文本插入点：确定标注文本的位置。

（3）标注模式。

1）自动：系统根据选择的实体类型自动确定标注。

2）水平/垂直/对齐：系统分别进行水平/垂直/对齐标注。

图 5-108 "标注"对话框

四、自动标注

在草图和工程图中使用"自动标注"命令可以批量创建标注。

单击"标注"选项卡"标注"面板中的"自动标注"按钮，系统弹出"自动标注"对话框，如图 5-109 所示。该对话框中部分选项的含义如下。

（1）必选。

1）视图：选择要自动标注的视图。

2）实体类型：选择要自动标注的实体类型。

① 全部：选择为全部实体创建线性标注。

② 圆/圆弧：选择为圆/圆弧创建线性标注。

③ 手动选择：选择为所选实体创建线性标注，可选择任意实体。

3）原点：选择一个点作为原点。

4）标注半径/直径/孔：若勾选该复选框，则系统自动标注半径/直径/孔。

5）标注圆柱：若勾选该复选框，则系统标注圆柱非圆投影上的直径尺寸，如图 5-110 所示。

6）标注最大值：若勾选该复选框，则系统标注图形尺寸的最大值，如图 5-111 所示。

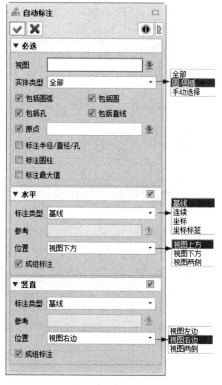

图 5-109　"自动标注"对话框

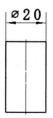

图 5-110　标注圆柱

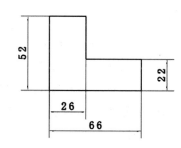

图 5-111　标注最大值

（2）水平/竖直。

1）标注类型：确定生成的自动标注类型，可从以下选项中选择。

① 基线：创建线性基线标注。

② 连续：创建线性连续标注。

③ 坐标：创建线性坐标标注。

④ 坐标标签：创建线性坐标标签标注。

2）参考：为所选视图实体选择参考点。

3）位置：选择自动标注放置点相对于视图的位置，可从以下选项中选择。

① 视图上方/视图下方/视图两侧：标注放置于所选视图的上方/下方/两侧。

② 视图左边/视图右边/视图两侧：标注放置于所选视图的左边/右边/两侧。

4）成组标注：若勾选该复选框，则所创建的标注为成组标注。

五、线性标注

单击"标注"选项卡"标注"面板中的"线性"按钮，系统弹出"线性"对话框，如图 5-112 所示。该对话框可以在两点之间创建水平、竖直、对齐、旋转和投影标注。

图 5-112　"线性"对话框

线性标注操作示例如图 5-113 所示。

单击"标注"选项卡"标注"面板中的"角度坐标"按钮，系统弹出"角度坐标"对话框，如图 5-114 所示。该对话框中部分选项的含义如下。

（1）基点：选择一个基点。

（2）角度方向：指定标注角度的方向。

（3）文本插入点：指定标注文本的位置。

（4）连续点：选择一个连续点。

角度坐标标注操作示例如图 5-115 所示。

图 5-113　线性标注操作示例

图 5-114　"角度坐标"对话框

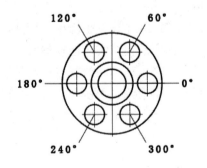

图 5-115　角度坐标标注操作示例

六、注释

单击"标注"选项卡"注释"面板中的"注释"按钮，系统弹出"注释"对话框，如图 5-116 所示。该对话框中部分选项的含义如下。

（1）位置：指定箭头位置，然后指定文字的位置。如果仅指定一个位置，该位置将会是标注文字的位置，并且不会产生引线。在进行工程图注释时，使用该选项。

（2）文字：输入标注文字。单击其后的"文字编辑器"按钮，系统弹出"标注编辑器"对话框，如图 5-117 所示。使用该对话框，创建单独的标注文本，并将特殊字符和符号插入文本中。注释标注操作示例如图 5-118 所示。

图 5-116 "注释"对话框

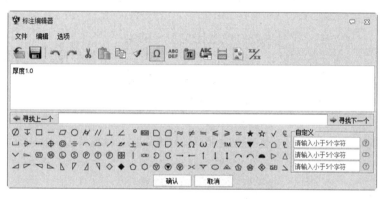

图 5-117 "标注编辑器"对话框

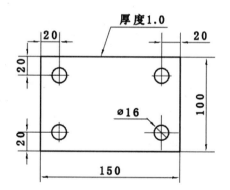

图 5-118 注释标注操作示例

（3）引线插入点：选择一个点定位附加引线箭头的位置。在进行零件图注释时，使用该选项。

七、标注基准特征

单击"标注"选项卡"注释"面板中的"基准特征"按钮，系统弹出"基准特征"对话框，如图 5-119 所示。该对话框中部分选项的含义如下。

（1）基准标签：输入标签文本或单击鼠标中键接受默认值。

（2）实体：选择一个目标实体。

（3）文本插入点：选择一个点，用于定位基准特征文本。

（4）样式：用于选择基准特征样式。

（5）"通用"选项卡。

1）基准特征符号方向：系统提供了两种基准特征符号方向，即"沿线🜨"和"水平🜨"。显示类型为"圆形Ⓐ"时，才能激活该选项。

2）比例因子：设置基准特征符号的比例。

3）显示类型：系统提供了两种显示类型，即"正方形🄰"和"圆形Ⓐ"。

① 正方形🄰：选择该项时，可供选择的定位符号种类有 4 种，分别为填充三角（60 度）、空心三角（60 度）、填充三角（90 度）和空心三角（90 度）。

② 圆形Ⓐ：选择该项时，可供选择的定位符号种类有 3 种，分别为始终垂直、始终水平和始终竖直。

4）定位符号大小：设置定位符号的大小。

5）基线偏移：设置定位符号与所选实体的偏移量。选择显示类型为"圆形Ⓐ"时，激活该选项。

基准特征符号标注操作示例如图 5-120 所示。

图 5-119 "基准特征"对话框

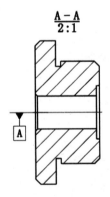

图 5-120 基准特征符号标注操作示例

八、形位公差符号

单击"标注"选项卡"注释"面板中的"形位公差"按钮，系统弹出"形位公差符号编辑器"对话框，如图 5-121 所示，设置形位公差，单击"确认"按钮，系统弹出"形位公差"对话框，如图 5-122 所示。

"形位公差符号编辑器"对话框中部分选项的含义如下。

（1）符号文本 1/符号文本 2：用于设置在形位公差框格上/下方的附加文本，创建符号文本如图 5-123 所示。

（2）符号：单击"下拉"按钮，选择形位公差符号，如图 5-124 所示。

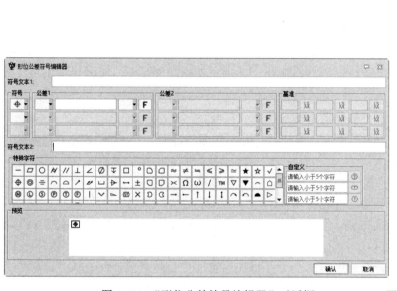

图 5-121 "形位公差符号编辑器"对话框   图 5-122 "形位公差"对话框

（3）公差 1/公差 2：设置公差值 1/公差值 2。单击"下拉"按钮，选择附加符号，如图 5-125 所示。单击其后的"选择并添加公差编辑器"按钮 **F**，系统弹出"FCS 公差编辑器"对话框，如图 5-126 所示。

（4）基准：设置形位公差基准及有关附加符号。单击其后的"添加基准编辑器"按钮 ⸯ，系统弹出"FCS 公差基准编辑器-FCS 基准编辑器"对话框，如图 5-127 所示。

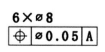

图 5-123 创建符号文本   图 5-124 形位公差符号   图 5-125 附加符号

图 5-126　"FCS 公差编辑器"对话框　　图 5-127　"FCS 公差编辑器-FCS 基准编辑器"对话框

"形位公差"对话框中部分选项的含义如下。

（1）FCS 文本：通过"文字编辑器"创建的形位公差文本将在此处显示，可对其进行修改。

（2）引线插入点：如果希望将符号添加到 1 个或多个引线箭头上，则选择多个点，用于定位这些箭头。

（3）辅助基准：选择一个辅助点定位形位公差符号。

（4）样式：系统提供了 4 种形位公差样式，分别为无折弯、折弯、垂直和水平。

（5）比例因子：设置形位公差整个框格、符号、基准的比例。

（6）角度：设置形位公差框格旋转角度。

（7）合并符号：单击该按钮，可合并/拆分相同的形位公差符号，如图 5-128（a）、图 5-128（b）所示。

（8）启用第二公差：若要启用第二公差，可在放置形位公差之后，勾选该复选框并关闭"形位公差"对话框，然后双击创建的形位公差，系统弹出"形位公差符号编辑器"对话框，输入第二公差值即可。单击"确认"按钮，系统弹出"修改标注"对话框，单击"确定"按钮，如图 5-131 所示。

（9）单元格对齐：勾选该复选框，则将一同创建的同一实体上的形位公差单元格对齐，否则，单元格不对齐，如图 5-132（a）、图 5-132（b）所示。

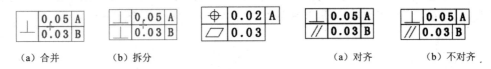

　（a）合并　　　　　（b）拆分　　　　　　　　　　　　　　　　（a）对齐　　　　（b）不对齐

图 5-128　合并/拆分符号　　图 5-129　启用第二公差　　图 5-130　单元格对齐/不对齐

九、表面粗糙度

单击"标注"选项卡"注释"面板中的"表面粗糙度"按钮，系统弹出"表面粗糙度"对话框，如图 5-131 所示。该对话框中部分选项的含义如下。

— 226 —

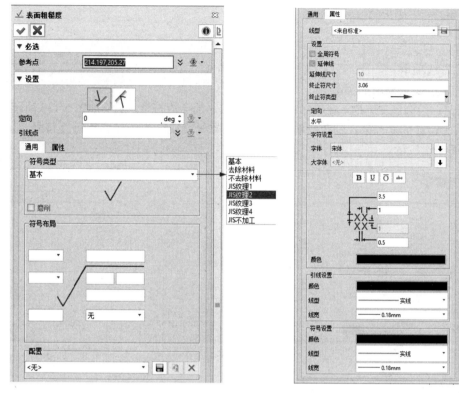

图 5-131　"表面粗糙度"对话框

（1）参考点：选择符号位置所在点。如果未使用"引线点"，则符号会与该点相接。某一"引线点"已定义时，该点即引线箭头将指向的点。

（2）定向：设置表面粗糙度符号的方位。单击"垂直"按钮↓和"垂直（反向）"按钮↖可快速标注 0deg 和 180deg 方位的符号。

（3）引线点：如果选择某一引线点，即会添加一根延伸线，且某一参考点会成为该引线的起点。

（4）"通用"选项卡。

1）符号类型：系统可供选择的符号类型有"基本√""去除材料√""不去除材料√""JIS 纹理 1 ▽""JIS 纹理 2 ▽▽""JIS 纹理 3 ▽▽▽""JIS 纹理 4 ▽▽▽▽"和"JIS 不加工～"。

2）符号布局：指定符号布局，如图 5-132 所示。

各部分符号的含义如下。

① A：表面纹理。

② B：生产方法。

③ C：样本长度。

④ D：除 Ra（平均粗糙度）外的粗糙度系数。

⑤ E：最大粗糙度数值。

⑥ F：最小粗糙度数值。

⑦ G：峰谷之间的间距。

⑧ H：加工余量。

⑨ J：所有符号。

（5）"属性"选项卡。

1）线型：指定线型采用的标准。

2）全周符号：勾选该复选框，在表面粗糙度符号上添加全周符号，示例如图 5-133 所示。

3）延伸线：勾选该复选框，则在绘制引线时，生成一段线段用于放置粗糙度符号，延伸线示例如图 5-134 所示。

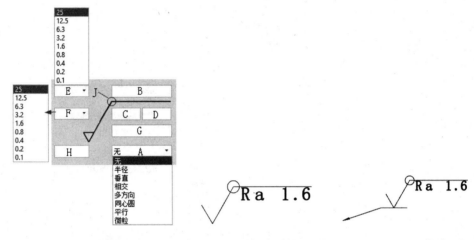

图 5-132　符号布局　　　图 5-133　添加全周符号示例　　　图 5-134　延伸线示例

4）延伸线尺寸：设置延伸线的长度。

5）终止符尺寸：设置引线终止符（箭头/点/线）的大小。

6）终止符类型：指定引线终止符。

7）定向：指定延伸线与引线的方向关系，包括"水平"和"对齐"，如图 5-135（a）和图 5-135（b）所示。

图 5-136 所示为表面粗糙度标注操作示例。

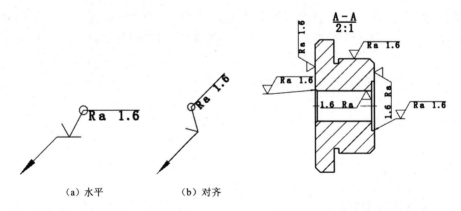

（a）水平　　　　　　（b）对齐

图 5-135　定向示例　　　图 5-136　表面粗糙度标注操作示例

任务四 绘制万向节装配工程图

【任务导入】

为图 5-137 所示的万向节装配工程图标注序号并创建 BOM 表。

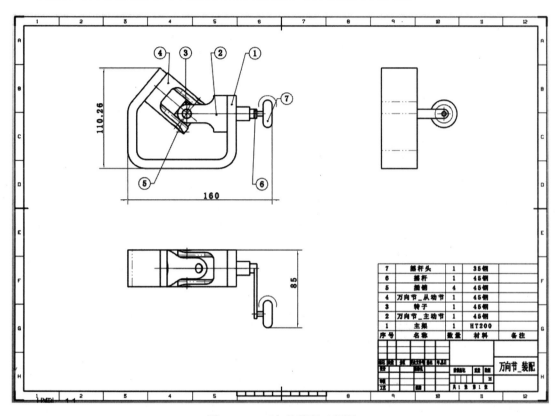

7	摇杆头	1	35钢	
6	摇杆	1	45钢	
5	插销	4	45钢	
4	万向节_从动节	1	45钢	
3	转子	1	45钢	
2	万向节_主动节	1	45钢	
1	主架	1	HT200	
序号	名称	数量	材料	备注

图 5-137 万向节装配工程图

【学习目标】

（1）学习气泡、自动气泡的创建方法。

（2）学习 BOM 表的创建方法。

微课视频

【思路分析】

在本任务中，读者需要为万向节装配工程图标注序号并创建 BOM 表。首先打开已经绘制好的工程图源文件，然后利用"气泡"和"自动气泡"命令标注序号，最后创建 BOM 表。

【操作步骤】

（1）打开"万向节-装配.Z3DRW"源文件，如图 5-138 所示。

（2）自动标注序号。单击"标注"选项卡"注释"面板中的"自动气泡"按钮 <img>，系统弹出"自动气泡"对话框，选择主视图，文字选择"标准"和"序号"，布局选择"忽略多实例 <img>"，排列类型选择"矩形"，引线附件选择"面"，偏移设置为"10"，限制方向选择"无"，气泡类型选择"圆形"和"水平折弯"，将箭头类型设置为"实心点 ——●"，大小设置为"2.5"，尺寸类型设置为"自定义大小"，折弯长度设置为"4"，大小设置为"13"。切换至"文字"选项卡，将文字高度设置为"6"，单击"确定"按钮 <img>，标注序号如图 5-139 所示。

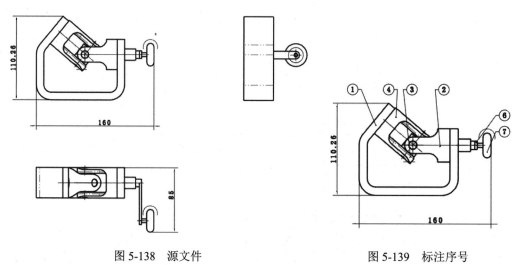

图 5-138　源文件　　　　　　　　　　　图 5-139　标注序号

（3）手动标注序号。单击"标注"选项卡"注释"面板中的"气泡"按钮 <img>，系统弹出"气泡"对话框，选择主视图中的插销，填写序号为"5"，气泡类型选择"圆形"和"水平折弯"，将箭头类型设置为"实心点 ——●"，大小设置为"2.5"，尺寸类型设置为"自定义大小"，折弯长度设置为"4"，大小设置为"13"。切换至"文字"选项卡，将文字高度设置为"6"，手动标注序号如图 5-140 所示。

（4）调整序号位置。拖动序号 6，将其与序号 5 对齐，如图 5-141 所示。

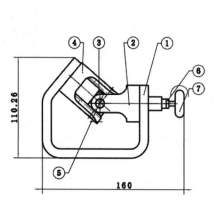
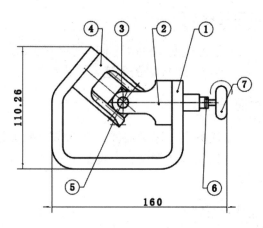

图 5-140　手动标注序号　　　　　　　　图 5-141　调整序号位置

（5）创建 BOM 表。单击"装配"选项卡"查询"面板中的"BOM"按钮，系统弹出"BOM 表"对话框，选择主视图，名称设置为"1"，层级设置选择"仅顶层"，起始序号设置为"1"，排序选择"排序后更新序号"，设置"选定"列表框中的项有"序号""名称""材料""数量"和"备注"。单击"属性"按钮，系统弹出"表格属性"对话框，切换至"文字"选项卡，设置文字高度为"4.5"，单击"确定"按钮，系统弹出"插入表"对话框，选择原点为"左下"，捕捉标题栏的左上角，调整 BOM 表的大小，如图 5-142 所示。

7	摇杆头	1	35钢	
6	摇杆	1	45钢	
5	插销	4	45钢	
4	万向节_从动节	1	45钢	
3	转子	1	45钢	
2	万向节_主动节	1	45钢	
1	主架	1	HT200	
序号	名称	数量	材料	备注

图 5-142　创建 BOM 表

【知识拓展】

一、气泡

使用"气泡"命令，可手动创建气泡注释。此处所说的气泡就是在装配工程图中的零件序号。

单击"标注"选项卡"注释"面板中的"气泡"按钮，系统弹出"气泡"对话框，如图 5-143 所示。该对话框中部分选项的含义如下。

（1）位置：指定箭头位置，然后指定文字的位置。如果仅指定一个位置，该位置将会是标注文字的位置，并且不会产生引线。

（2）文字：选择文字使用的标准，以及气泡序号标准。

（3）下部文字：当气泡类型为"圆形分割线"时，激活该选项。

（4）"通用"选项卡。

1）气泡类型：指定气泡类型。系统提供了"无""圆形""三角形""正方形""六边形""圆形分割线""下画线"7 种类型。

2）文字放置位置：指定文字放置位置，包括"沿线""水平"和"水平折弯"。当选择"水平折弯"时，需要设置折弯长度。

3）比例因子：设置气泡的比例。

4）抑制引线：勾选该复选框，则不显示引线。

5）尺寸类型：指定气泡的尺寸类型，包括"自动缩放""自动拉伸"和"自定义大小"3 种类型。当尺寸类型为"自动拉伸"和"自定义大小"时，需要设置"气泡尺寸"参数。

6）数量：设置数量的放置位置。

图 5-144 所示为气泡操作示例。

图 5-143 "气泡"对话框

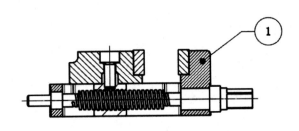

图 5-144　气泡操作示例

二、自动气泡

根据组件的可见性可以在视图中自动生成气泡，并将其插入适当的视图中，而不会重复。

单击"标注"选项卡"注释"面板中的"自动气泡"按钮 ，系统弹出"自动气泡"对话框，如图 5-145 所示。该对话框中部分选项的含义如下。

（1）视图：选择要创建气泡的视图，支持一次指定多个视图。

（2）布局样式：系统提供了 3 种布局样式，包括"忽略多实例"、"多实例多引线"和"一实例一引线"。

（3）排列类型：设置气泡的排列类型，包括"凸包"、"矩形"和"圆形"。

（4）引线附件：设置引线所处位置为边还是面。

（5）偏移：排列类型距离视图的偏移距离，也就是气泡距离视图的距离。

（6）限制方向：防止气泡标签全部置于视图的一边。

自动气泡操作示例如图 5-146 所示。

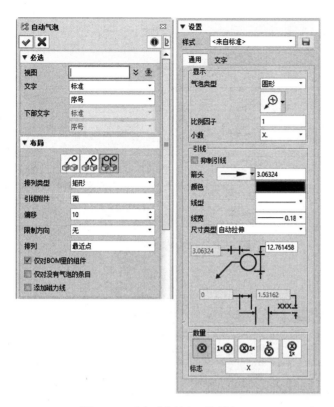

图 5-145 "自动气泡"对话框

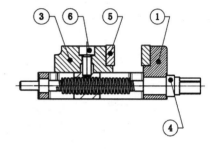

图 5-146 自动气泡操作示例

三、BOM 表

单击"装配"选项卡"查询"面板中的"BOM"按钮，系统弹出"BOM 表"对话框，如图 5-147 所示。该对话框中部分选项的含义如下。

（1）必选。

1）视图：选择与新 BOM 表相关的布局视图。

2）名称：输入新 BOM 表的名称。该名称将出现在"图纸管理"管理器中。

（2）层级设置。

1）仅顶层：列举零件和子装配体，但是不列举子装配体零部件。

2）仅零件：不列举子装配体，列举子装配体零部件为单独项目。

3）仅气泡：仅列举标注气泡的零件和子装配体。

4）缩进：列出子装配体，将子装配体零部件缩进在其子装配体下。

5）遍历起始层级：控制从哪一个装配层级开始罗列 BOM 数据，且相同层级的同名组件被认为是相同实例。

6）最大遍历深度：控制罗列的组件是到哪一个层级为止。

（3）设置。

1）将每个组件显示为单个项：勾选该复选框，则为每个组件都设置气泡。

2）显示同一零件的不同配置为单个项：尽管零部件有多个配置，但零部件只列举在 BOM 表的一行中。

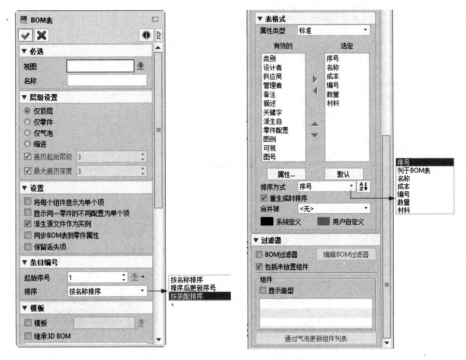

图 5-147 "BOM 表"对话框

3）派生源文件作为实例：指示派生部件是否与源部件分开。默认情况下，勾选该复选框，源部件及其派生部件将显示为一项。

4）同步 BOM 表到零件属性：勾选该复选框，自动将 BOM 属性同步到零件属性中，不需要再进行手动更新。

5）保留丢失项：控制装配中的丢失组件是否罗列于 BOM 表中。

（4）条目编号。

1）起始序号：设置气泡的起始序号。

2）排序：可供选择的排序有"按名称排序""排序后更新序号""按装配排序"。

（5）模板。

1）模板：勾选该复选框，单击其后的"选择文件"按钮，系统弹出"选择文件"对话框，指定模板来创建表格。

2）继承 3D BOM：勾选该复选框，则继承 3D 环境中创建的 3D BOM 表。

（6）表格式。

1）属性类型：选择表的属性。

2）"有效的"/"选定"列表框：根据属性类型的不同，"有效的"列表框中显示的内容不同。选中要添加到"选定"列表框中的项，单击"添加"按钮▶，即可添加到"选定"列表框中；同理，选中"选定"列表框中的项，单击"移除"按钮◀，可将该项从"选定"列表框中移除，重新放回到"有效的"列表框中。

3）上移/下移：单击"上移"按钮▲/"下移"按钮▼，可调整"选定"列表框中各项的位置。

4）属性：单击该按钮，系统弹出"表格属性"对话框，如图 5-148 所示。该对话框用于设置 BOM 表的属性。

5）排序方式：对选中的列进行排序，从下拉菜单中选择排序方式。单击其后的"升序/降序"按钮 $\frac{A}{Z}\downarrow$，进行升序/降序排列。

6）重生成时排序：当装配发生变化且影响表格内容，表格需要更新时，该选项控制是否在重生成时重新排序。

（7）过滤器。

1）BOM 过滤器：装配由不同的零件和子装配构成，基于不同的应用目的，需要出具不同的 BOM，如此就需要从一个总的装配结构中，筛选出想要罗列的组件。新增的 BOM 过滤设置功能就是为此而设计的。过滤条件是基于零件属性和自定义属性的。

2）包括未放置组件：勾选该复选框，则可过滤没有进行装配的组件。

BOM 表创建操作示例如图 5-149 所示。

图 5-148　"表格属性"对话框

6	螺钉	1	Q235 A	
5	护板	2	45钢	
4	螺杆	1	45钢	
3	活动钳口	1	HT200	
2	滑动块	1	Q235 A	
1	机座	1	HT200	
序号	名称	数量	材料	备注

图 5-149　BOM 表创建操作示例